U0181042

费曼物理学讲义补编

思考·建议·领悟·练习

费曼(Richard Feynman)

[美] 戈特利布(Michael A. Gottlieb)　著

莱顿(Ralph Leighton)

马修·桑兹写的回忆

潘笃武　李洪芳　译

上海科学技术出版社

图书在版编目(CIP)数据

费曼物理学讲义补编 /（美）费曼
(Richard Feynman),（美）戈特利布
(Michael A. Gottlieb),（美）莱顿(Ralph Leighton)
著；潘笃武,李洪芳译. —上海：上海科学技术出版
社，2020.3（2024.3重印）
 ISBN 978 - 7 - 5478 - 4715 - 2

 Ⅰ.①费… Ⅱ.①费… ②戈… ③莱… ④潘… ⑤李
… Ⅲ.①物理学-高等学校-教学参考资料 Ⅳ.①O4

 中国版本图书馆 CIP 数据核字（2020）第 032740 号

上海市版权局著作权合同登记号 图字：09-2013-644 号

费曼物理学讲义补编

［美］费曼（Richard Feynman） 戈特利布（Michael A. Gottlieb）
莱顿（Ralph Leighton） 著 潘笃武 李洪芳 译

上海世纪出版（集团）有限公司 出版、发行
上 海 科 学 技 术 出 版 社
（上海市闵行区号景路159弄A座9F–10F）
邮政编码 201101 www.sstp.cn
上海中华印刷有限公司印刷
开本 787×1092 1/16 印张 11
字数 160 千字
2020 年 3 月第 1 版 2024 年 3 月第 7 次印刷
ISBN 978 - 7 - 5478 - 4715 - 2/O·81
定价：38.00 元

第二版前言

　　在《费曼物理学讲义补编》[艾迪生-卫斯利（Addison-Wesley），2006]第一次出版以来的六年中，对《费曼物理学讲义》的这一补编的兴趣一直没有衰退，其证据就是费曼讲义网站（www.feynmanlectures. info）的访问者的数量持续增加，这个网站的建立是这样的情况引起的：就是给我们提出了成千上万的问题，其中许多是对《费曼物理学讲义》中的错误提出质疑，也有许多是与物理习题有关的问题和评论。

　　因为这个原因，我们极其愉快并自豪地呈献这本《费曼物理学讲义补编》的第二版，这本书作为附属于《费曼物理学讲义》的印刷本，录音带和照相的联合版权的一部分，由 Basic Books 公司出版。在好些年中，这些版权分属于不同的出版社。为纪念这个吉祥的事件，《费曼物理学讲义（新千年版）》现在第一次用LaTeX版本印刷，这样可以更方便得多地改正错误，并且《费曼物理学讲义》的电子版立即就可以制成。此外，这一新版的《费曼物理学讲义补编》选用软封面，比之于原来的硬封面价格大大降低，还扩展了包括三篇有关《费曼物理学讲义》富于启发性的采访记录：

- 1986 年，正值这个计划中的关键部分结束后对理查德·费曼（Richard Feynman）的采访。

- 1986 年，采访罗伯特·莱顿（Robert Leighton），关于费曼作为讲课教师的天赋，以及将"费曼语"翻译为英语的挑战。

● 2009 年，采访罗丘斯·沃格特（Rochus Vogt），关于加州理工学院协同讲授《费曼物理学讲义》的全体教授。

对于那些发来有关《费曼物理学讲义》和《费曼物理学讲义补编》电子邮件或发布问题和评论的所有的人，我们要对他们致以衷心的感谢：你们的贡献和支持大大帮助了这本书的改进，并且还将受到将来一代又一代读者的感激。对于那些提出更多的练习要求的读者，我们为这一版中不能包含更多习题而抱歉。然而，你们的鼓励已经激发了写一本新的、扩展的书（很快就要出版）：《费曼物理学讲义习题集》。

迈克尔·戈特利布（Michael Gottlieb）

拉尔夫·莱顿（Ralph Leighton）

2012 年 11 月

序　言

　　今天,在《费曼物理学讲义》出版四十多年以后,仍旧有人研读,并且还在启发着人们。

　　一个特别的情况:几年前我在一次聚会上见到迈克尔·戈特利布,这次聚会的主人在计算机显示屏上展示一个真实的图瓦喉音演唱歌手——这件事为旧金山的生活增添了许多乐趣——的谐波泛音。戈特利布学过数学,并且对物理学非常感兴趣,因此我建议他读一读《费曼物理学讲义》——大约一年以后,他花了一生中的六个月时间从头到尾非常仔细地研读了《费曼物理学讲义》。正如戈特利布在他的导言中所说,这终于导致产生了你现在正在阅读的这本书,以及《费曼物理学讲义》新的"定本"。

　　因此,我很高兴全世界对物理学有兴趣的人现在可以和这本补编卷一同读到更正确、更完全的《费曼物理学讲义》版本——一本里程碑式的著作,它还将在今后的几十年中给学生继续提供知识和启发灵感。

拉尔夫·莱顿

2005 年 5 月 11 日

导　言

　　我第一次听说理查德·费曼和拉尔夫·莱顿是在 1986 年，通过阅读他们的有趣的书《别逗了，费曼先生!》。十三年后，在一次聚会上我见到了拉尔夫。我们成了好朋友，并且在下一年中为设计纪念费曼的虚拟邮票①一同工作。拉尔夫不断地给我读费曼编著的或有关他的各种书籍，包括《费曼计算讲义》②（因为我是一个计算机编程员）。这本吸引人的书中关于量子力学计算的讨论引起了我的兴趣。但是因为没有学过量子力学，领会这些讨论让我感到困难。拉尔夫推荐我阅读《费曼物理学讲

理查德·费曼，大约在 1962 年

义》第 3 卷：量子力学。我从这本书开始读，但第 3 卷的第 1、第 2 章是第 1 卷第 37 和第 38 章的复制，所以我自己发现要回过头去参考第 1 卷而不只是研读第 3 卷。因此我决定从头到尾研读全部《费曼物理学讲义》——我下决心学点量子力学! 然而，随着时间的推移，这个目标成为第二位了，我越来越强烈地被费曼的迷人世界所吸引。学习物理学的乐趣，仅仅是为了对它的兴趣，这成为我最优先的事。我上瘾了! 大约第 1 卷读到一半的时候，我暂时停止编写程序的工作，在

　　① 我们的邮票登载在《土著图瓦的未来》的唱片套上，这是一张图瓦喉音演唱大师昂达尔（Ondar）主演并有理查德·费曼演出小品的 CD 唱片（华纳兄弟公司 Warner Bros. 947131 - 2），1999 年发行。

　　② *Feynman Lectures on Computation*，理查德·费曼著，安东尼·海（Anthony J. G. Hay）和罗宾·阿仑（Robin W. Allen）编，1996，艾迪生-卫斯利，ISBN 0 - 201 - 48991 - 0。

哥斯达黎加乡间待了六个月，用全部时间学习《费曼物理学讲义》。

每天下午，我学一章新课并且做习题；上午我复习并校对昨天的课程。我通过电子邮件和拉尔夫联系，他鼓励我把我提到的在第 1 卷中发现的错误记录下来。这并不是很重的负担，因为在那一卷里只有很少的错误。然而，当我进行到第 2 卷和第 3 卷时，我对发现越来越多的错误感到困惑。最后，我收集了《费曼物理学讲义》中总共 170 个以上的错误，拉尔夫和我都很吃惊：怎么会有这么多的错误在这么长的时间里一直漏网了？我们决定试试看可以做些什么，以便能在下一版中将它们改正。

那时，我注意到在费曼的前言中几句有趣的话：

"没有关于怎样解习题的课是由于有辅导课。虽然在第一年中我确实讲过三次怎样解习题的课，这些都没有包含在这本书里。还有一堂关于惯性导航的课，这肯定是在讲转动系统课的后面，但是很遗憾，它不见了。"

于是就产生了重建这些丢失的讲课稿的想法：如果认为这些确实是有价值的话，就要把它们提交给加州理工学院和艾迪生-卫斯利出版社，纳入更为完整的、经过校勘的《费曼物理学讲义》的新版本中。但首先我必须找到遗失的讲课稿，可我当时还在哥斯达黎加！经过稍许逻辑推理和研究，拉尔夫就可以确定讲课记录的所在，它原先收藏在他父亲的办公室或加州理工学院档案馆的某处。拉尔夫还找到了遗失的讲课录音磁带，并且在我回到加利福尼亚查找案卷中的错误时，偶然地在一个有各种各样照相底片的盒子里发现了黑板照相（一直以为丢失了的）。费曼的后人慷慨地允许我们使用这些材料，从而，加上费曼——莱顿——桑兹三人组中唯一在世的成员——马修·桑兹(Matthew Sands)有益的点评，拉尔夫和我重现了复习课 B 作为一个样品，并将它和《费曼物理学讲义》的勘误一同提供给加州理工学院和艾迪生-卫斯利出版社。

艾迪生-卫斯利出版社热情地接纳了我们的想法，但是加州理工学院最初表示怀疑。因此拉尔夫求助于加州理工学院的理查德·费曼理论物理讲座教授基普·索恩(Kip Thorne)，他终于设法使所有的有关方面达成一致的认识，并且他还慷慨地义务花时间指导我们的工作。由于历史的原因，加州理工学院不愿修改已有的《费曼物理学讲义》，拉尔夫提出将遗漏的讲课稿放在另一本书中，这就是这本补编的起因。它和新的《费曼物理学讲义》定本并行出版，在定本中我找到的错误以及许多读者发现的其他错误都已改正。

马修·桑兹的回忆

在我们重建这四讲课程的努力过程中,拉尔夫和我遇到了很多问题。我们觉得非常幸运可以从马修·桑兹教授那里得到答案,他是尽力于实现《费曼物理学讲义》这个雄心勃勃的计划的人。我们对大家都不知道这些讲课起源的历史觉得惊讶,并且还认识到我们这个计划提供了补救这方面不足的机会。桑兹教授还爽快地答应写一篇关于包括这本补编在内的《费曼物理学讲义》起源的回忆文章。

四次讲课

我们从马修·桑兹那里得知,在 1961 年 12 月,费曼在加州理工学院一年级第一学期物理学课程将近结束时①,当时觉得离期末考试只有几天,还要给学生介绍新的内容不大合适。所以在考试前的一星期,费曼讲了三堂可任意选择的复习课,在这些课上不讲新的内容。这些复习课是为班上有困难的学生讲的,强调理解和求解物理习题的技巧。有些例题具有历史的意义,包括卢瑟福发现原子核,以及确定 π 介子的质量。费曼以其超人的洞察力讨论了另一种问题的答案,这对于他的一年级学生课堂上的至少一半学生是同样的重要:这些学生因觉得他们自己处在平均水平以下而产生的情绪上的问题。

第四次课——《动力学效应及其应用》,是一年级第二学期开始、学生寒假后刚刚返校时讲的。原来它是第 21 讲,当时的想法是在 18 章到 20 章中讲解了关于转动的较难的理论讨论后稍稍放松一下,还要给学生讲一些由转动引起的有趣的应用和现象,"只是为了娱乐。"这次讲课的大部分是讨论在 1962 年时相对新的技术:实际的惯性导航。讲课的其余部分讨论了转动引起的自然现象,并且也提供了一些线索,就是关于费曼把这一讲从《费曼物理学讲义》中删去说成是"不恰当的"的原因。

讲课以后

每次讲课结束以后,费曼总是让麦克风继续开着,这就给我们提供了宝贵的

---

① 加州理工学院的学年分成三个学期;第一学期从 9 月下旬到 12 月上旬,第二学期从 1 月上旬到 3 月上旬,第三学期从 3 月下旬到 6 月上旬。

机会,可直接听到费曼如何与他的本科学生交流。这里提供了《动力学效应及其应用》课后的记录作为例子,特别值得注意的是关于 1962 年刚出现的从模拟到数字方法转变的实时计算的讨论。

习题

在这个计划的执行过程中,拉尔夫和他父亲的好朋友兼同事罗丘斯·沃格特重新建立了联系,他宽厚地允许再出版《基础物理学习题》(*Exercises in Introductory Physics*)中的习题和解答。这本习题集是早在 20 世纪 60 年代,罗伯特·莱顿和他专门为《费曼物理学讲义》编撰的。由于篇幅的限制,我只选择了第 1 卷第 1 章到第 20 章的习题(这些涵盖了《动力学效应及其应用》以前的材料),优先选择那些,用罗伯特·莱顿的话说,就是"数值上和解析上简单,而内容深刻并有启发性"的问题。

互联网

要获得有关这一本书和《费曼物理学讲义》更多信息的读者,请访问 www.feynmanlectures. info。

迈克尔·A·戈特利布

于普拉亚·塔马林多,哥斯达黎加

mg@feynmanlectures. info

鸣　谢

我们要对帮助实现这本书的所有人致以衷心的感谢，尤其是：

托马斯·汤布里洛(Thomas Tombrello)，物理、数学与天文系主任，因为他代表加州理工学院批准这一计划。

卡尔·费曼(Carl Feynman)和米歇尔·费曼(Michelle Feynman)，理查德·费曼的继承人，他们允许在这本书里出版他们父亲的讲课稿。

玛吉·莱顿(Marge L. Leighton)，她允许出版从《罗伯特·莱顿的口述历史》中的摘录，以及出版《基础物理学练习》中的习题。

马修·桑兹，感谢他的智慧、学识、建设性的评论和对原稿的意见——还有他的生动的回忆。

罗丘斯·沃格特，感谢他在《基础物理学练习》中精巧的习题和答案，感谢他和我们的会见，以及在这本书中允许我们使用这些材料。

迈克尔·哈特尔(Michael Hartl)，感谢他对原稿的仔细校对和勘误《费曼物理学讲义》的勤奋工作。

约翰·尼尔(John Neer)，热心地提供费曼在休斯飞机公司的讲演并和我们分享这些记录。

海伦·塔克(Helen Tuck),曾任费曼的秘书多年,感谢她的鼓励和支持。

亚当·科契伦(Adam Cochren),感谢他在处理错综复杂的图书合同方面熟练的技巧,以及为这本书和《费曼物理学讲义》找到新家的美好品质。

基普·索恩,他的谦和及不知疲倦的工作赢得每一个有关人士的信任和支持,还有他对我们工作的督促。

目　录

《费曼物理学讲义》的起源

马修·桑兹的回忆

20 世纪 50 年代的教育改革

1953 年,当我成为加州理工学院正式的教师时,我被安排讲授一些研究生的课程。我发现我自己对研究生课程大纲十分不满意。在第一年中,给他们讲的课只是经典物理学——力学、电学和磁学。(即使电学和磁学的课也只包括静电和静磁学,甚至连辐射理论都没有。)我想,在研究生二年级或三年级以前不给这些优秀的学生接触近代物理学(其中许多内容已经有 20 到 50 或更长的年份了),这是一件很糟糕的事。所以我就开始争取改革课程大纲。在洛斯阿拉莫斯的日子我就已经认识费曼,几年前我们都来到加州理工学院。我请求费曼参加这项活动,我们提出一个新的课程大纲,最后说服了物理系教师接受它。第一年的课程包括电动力学和电子论(由我教),基础量子力学(由费曼教),我还记得数学方法的课是罗伯特·沃克(Robert Walker)教的。我认为新的大纲是十分成功的。

大约也是在那个时候,麻省理工学院的杰罗尔德·札查里阿斯(Jerrold Zacharias)在苏联人造地球卫星成功发射的激励下推动一个美国高中物理教学复兴的计划。一个成果是制订 PSSC(物理科学学习研究委员会,Physical Science Study Committe)计划,加入了许多新的材料和思想,也产生了一些争论。

当 PSSC 计划接近完成时,札查里阿斯和一些同事[我想其中有弗朗西斯·弗里德曼(Francis Friedman)和菲利普·莫里森(Philip Morrison)]确定已经到了也要着手改革大学物理的时候了。他们组织了两次大型的物理教师会议,在此基础上,组成了大学物理委员会,一个由 12 所大学的物理教师组成的全国委员会,受国家科学基金会支持。委员会承担起激励全国为大专院校中教授的物理学课程的现代化而努力的任务。札查里阿斯邀请我参加这些早期的会议,我后来参加这个委员会的工作,最后担任主席。

加州理工学院教学大纲

这些活动鼓舞我开始考虑,对于加州理工学院本科生的教学大纲可以做些什么。我对这个大纲一直不满意。基础物理课还是依据密立根(Millikan)、罗勒(Roller)和沃森(Watson)写的书。这是一本写得很好的书。我想它是在 20 世纪 30 年代编写的。虽然后来罗勒做了修订,可是书中很少或者没有近代物理学。并且教的这些课程没有讲义,所以很少有机会引进新材料。课程的强度在于一系列由福斯特·斯特朗(Foster Strong)①收集的艰深的"习题",这些习题用作每周的课外作业和每两周的辅导课上讨论的指定习题。

和其他物理教师一样,我每年都被指派担任几位主修物理的学生的指导教师。当我和学生谈话时我常常觉得沮丧,这些学生到三年级的时候对于继续学物理感到泄气。看来至少部分原因是因为他们已经学了两年物理,但仍旧没有接触到任何当代物理学的概念。所以我决定不等到全国的大纲完成,就在加州理工学院做一些试验。尤其是要把"近代"物理的某些内容——原子、原子核、量子和相对论——引进基础课程。和几位同事研究之后——主要是托马斯·劳利森(Thomas Lanritson)和费曼——我向当时的物理系主任罗伯特·贝歇(Robert Bacher)建议,应当开始改革基础课程的计划。他最初的反应并不十分积极。他实际上是说:"我已经告诉人们我们有一个非常好的,并且我为之自豪的大纲。我们的讨论班还配备了一些我们资深的教师。为什么我们还要改变呢?"我坚持不懈并得到其他几位教师的支持,于是贝歇宽厚地接受了这个想法,并且很快从福特基金会获得一笔赞助金(如果我没有记错,大约有一百多万美元)。这笔赞助金用于基础实验室更新设备的开支,以及用于发展课程的新内容——特别是给一些临时教员担任正规的职务,担任这些职务的人要把全部时间投入这个计划。

得到赞助金以后,贝歇任命了一个小型的专门小组领导这个计划:罗伯

---

① 这本书第五章的练习中有 10 多个习题是取自福斯特·斯特朗的收集,在罗伯特·B.莱顿和罗丘斯·E.沃格特的《基础物理学练习》中许可重印。

特·莱顿任组长,还有维克多·内赫(Victor Neher)和我。莱顿从事高年级教学已经有很长的时间了——他的书《近代物理学原理》①是主要依据;内赫以优秀的仪器专家闻名。我那时对贝歇没有任命我为组长而不高兴。我猜想部分原因是我要负责管理同步加速器实验室已经很忙,但我一直认为他也担心我可能过于"激进",所以他要让莱顿的保守主义来平衡这个计划。

委员会一开始就一致同意内赫专注于发展新的实验室——他对这有很多想法——我们应当为下一学年开出一门课的目标努力——试探一下这门课是否能为开发新的课程内容提供最佳结构。莱顿和我为这门课设计了教学大纲。我们各自独立地草拟课程概要,每星期碰一次头比较进度,并力图找到一个共同的基础。

僵局和灵感

我们很快就弄清楚,共同的基础是不容易得到的。我总是觉得莱顿的处理方法过多地将已经流行了 60 年的物理课程的内容改头换面。而莱顿认为我提出了不切实际的想法——一年级学生对我要介绍的"近代"内容还没有做好准备。幸运的是,我的决心在经常和费曼的交谈中得到支持。大家都已经熟知费曼是一位给人深刻印象的讲课教师,尤其擅长给普通听众解释近代物理学的思想。在我从学院回家路上常常到他家停留一会,听听他对我的想法的意见,而他常常给我提出建议可以做些什么,通常都是支持的。

经过几个月努力之后,我变得十分沮丧;我看不出莱顿和我在教学大纲上如何可以达成一致意见。我们对课程的概念看来完全不同。有一天,我获得一个灵感:为什么不邀请费曼来讲授这门课程?我们把莱顿和我自己的课程概要都提供给他并让他决定怎样做。我立即用下述方式向费曼提出这个想法:"你看,迪克(Dick),到现在为止,你生命中的 40 年已经用在探索对物理世界的认识上面。现在你有个机会把所有这些整理一下并介绍给新一代的科学家。为什么你不可以在明年给一年级大学生讲讲课呢?"他并不立即表示热心,但在这以后的几个星期中我们继续讨论这个想法,他不久就接受了这个意见。他说我们或许可以这样做或那样做。或者说这放在此地可能适合,等等。这样讨论了几星期

① 《近代物理学原理》,罗伯特·莱顿,1959,Mc Graw-Hill, *Principles of Modern Physics*, by Robert B. Leighton, Library of Congress Catalog Card Number 58‑8847。

后,他问我:"是否有过一位大物理学家给一年级学生讲过课?"我告诉他我不认为曾经有过这事。他的回答是:"我来做这事。"

费曼愿意讲这门课

在我们下一次委员会的会议上,我以极高的热情提出我的建议——只是莱顿冷冷的反应使我感到沮丧。"这不是一个好的想法。费曼从来没有教过本科生课程。他大概不知道怎样和一年级学生谈话,不知道他们可以学些什么。"但是那天内赫救了我。他的眼睛激动得闪光,他说:"这太好了。迪克懂得这么多物理,他还知道怎样讲得有趣。假如他真的愿意做这件事,实在难以置信。"莱顿被说服了,他一旦被说服,就全心全意地支持这个想法。

几天之后,我又遇到下一个障碍。我把这个想法告诉了贝歇。他没有多考虑这个意见。他认为费曼对研究生的课程是太重要了,所以可能没有多余的时间,谁来教量子电动力学呢?谁来指导理论研究生呢?此外,他真的能够屈就一年级的水平吗?关于这一点,我和物理系中对贝歇讲了一些支持的话的几位资深成员进行了一些疏通。最后,我用学究们喜欢的论证:如果费曼真的愿意做这件事,你们要说他不应该吗?决定终于做出了。

在第一堂课还剩下六个月的时候,莱顿和我告诉费曼我们一直在想些什么。他开始深入仔细地考虑发展他自己的思想。最后,我每星期去他家一次,我们讨论他在想的一些东西。他有时候问我,某些特殊的方式是否可能被学生接受,或者是不是认为这样或那样的题材顺序最"有效"。我可以讲一个特殊的例子。费曼一直在考虑怎样介绍波的干涉和衍射的概念,难以找到合适的数学方法——一个既直接又有效的方法。他想不出一个可以不用复数的方法。他就问我,他是不是认为一年级学生能够用复数代数进行运算。我提醒他加州理工学院招收的学生最重要的原则就是根据他们在数学方面表现出来的能力进行选择,我相信他们不会有处理复数代数方面的问题,只要事先对这个主题作一些简要的介绍就行。他的第22讲中就包含了复数代数的引人入胜的介绍,他把这些用在接下来的描述振荡系统的多次讲课中,在物理光学问题中等。

开始时又出现一个小问题。费曼有一个长期的习惯,在秋季学期离开加州理工学院三个星期,这样就要错过两次讲课。我们一致认为这个问题容易解决,在这几天里我来代替他。不过,为了不致打断他讲课的连续性,我准备讲两次可能对学生有用的辅助专题,这和他的发展主线没有直接关系。这说明了为什么第 1 卷第 5 章和第 6 章有点异常。

　　然而大部分都是费曼亲自完成的,制订他打算在整个一学年中要做的全部纲要——加入了足够多的细节以保证不会出现没有预见到的困难。他在那一学年剩下的时间里集中精力工作,到九月份(当时是 1961 年),已经准备好开始他的第一学年的讲课。

新型的物理课

　　最初大家以为费曼的讲课会是对两年基础课——加州理工学院所有新生必修的课程——教学大纲修订的起始点,人们认为在以后一些年中,其他教师会接替这每届两学年的工作任务,最终发展成一门"课程"——包括教材、课外习题、实验,等等。

　　然而在这些课程的第一学年,必须设计出与通常不同的教学安排。由于没有合适的教材,我们不得不配合课程的进展自己编写。我们安排了每周两次、每次一个小时的课程表——星期二和星期四上午 11 时,学生被分配到每星期一个小时的讨论班中,讨论班由教师或研究生助教指导。还有每星期三个小时内赫指导的实验课。

　　讲课的时候,费曼在他的脖子上挂一个麦克风,并且连接到隔壁房间的磁带录音机。定期拍下板书的照相。这两种设施都是由管理教室的技术助理员汤姆·哈尔维(Tom Harvey)负责。哈尔维还协助费曼准备有时需要的演示实验。讲课记录由打字员朱莉·柯西欧(Julie Cursio)打印成更为清楚的文本。

　　第一年,莱顿负责校阅文本是否誊写清楚并且要尽可能地快,可以让学生在课后及时得到印刷的讲义。原先以为这些工作可以通过将各次讲课分派给指导讨论班和实验的每一位研究生来完成。然而,这样做行不通,这不仅是因为研究生要花太多的时间,而且得到的结果更多的是反映学生的思想而不是费曼的。莱顿立即改变这样的安排,大部分工作由他自己来做,并招募几位教师(从物理和工程专业)来完成编辑一讲或几讲讲义的任务。按照这一计划,我在第一年中也编辑了好几讲。

　　第二学年的课程作了一些变化。莱顿负责接管一年级学生——给学生讲课并总管课程。幸运的是,现在学生一开始就拿到上一年费曼讲课的讲义。我转为负责照料费曼正在讲的第二学年的课程的各种琐事,还要负责及时地编辑讲义文本。由于第二学年材料的性质,我发现我自己来执行这个任务是最恰当的。

几乎所有的讲课我都参与了——在第一学年中我就是这样做的——并且亲自参加一个讨论班,这样我就可以知道课程对学生是否适合。每次课后,费曼、格里·诺伊格鲍尔(Gerry Neugebauer)和我,有时还有其他一两个人,常常一同到学生食堂吃午餐,我们在那里讨论哪些与讲课主题有关的、合适的课外习题可以给学生。通常费曼心中已有关于这些习题的一些想法,讨论中还会涌现其他一些习题。诺伊格鲍尔负责收集这些习题并且每周编出"问题集"。

讲课是什么样的

坐在课堂里听课是极大的乐趣。费曼在上课之前五分钟左右出现。他从他的衬衫口袋里取出一张或两张小纸片——大约 5×9 英寸——把它们打开,放在课堂前面的讲台中间摊平。这是他的讲稿,虽然他很少去查看。(在第 2 卷第 19 章开头的地方翻印的照片显示费曼的一次讲课,他站在讲台后面,可以看见讲台上的两张讲稿。)上课铃一响,宣告上课正式开始,他就开始讲课。每一堂课都是认真地写下讲稿,戏剧性的表演,这些他都事先清晰地做出详细计划——通常有序曲、展开、高潮和结局。他的时间安排给人的印象最为深刻。只有很少几次他在课时到点之前或之后的一分钟稍多的时间里结束讲课。甚至黑板上的板书也是精心设计的。他习惯从左边的第一块黑板的左上方开始,在讲课结束时正好写满最右边的第二块黑板。

最大的享受当然是看着按概念的原有顺序展开——以清晰而时尚的方式呈现给我们。

编写成书的决定

虽然我们原来并没有想过讲课的讲义会成为一本书。大约在讲课第二年的中期——1963 年春——开始认真考虑这个想法。这个想法之所以会产生,部分是由于其他学校的物理学家来询问是否可以给他们记录稿,部分是来自几位图书编辑的建议——当然他们已经得到讲课正在进行的风声,或许还看到了记录的文稿——因此我们就考虑出一本书,并且他们很愿意出版这本书。

经过一些讨论,我们决定将记录文稿做一些加工后成为一本书。于是我们请有兴趣的出版商提出我们该如何做的意见。最有吸引力的建议来自艾迪生-卫斯利出版公司(Addison-Wesley Publishing Company，A－W)的代表，他提出，他们可以给1963年9月的班级及时提供精装本的书——从决定到出版只有6个月。还考虑到我们没有要求支付作者版税这个事实，他们提出书的价格可以十分低廉。

之所以可能如此快速出版，是因为他们拥有成套的设备以及编辑、排字和照相胶印工作人员的完整班子。通过采用(当时)新的版式，包括文本的单一宽栏加上一边有很宽的"页边空白"，这样就可以用来安置插图和其他附属的材料。这种版式意味着标准的长条校样可以直接用作最后的页面编排，而不需要重新安排正文的材料来配合图表之类。

艾迪生-卫斯利的建议获得胜利。我负责对讲义文本作必要的修改和注释，通常和出版公司一同工作——校订排字材料，等等。(在这个时候，莱顿全力专心于讲授第二轮一年级学生的课程。)我修改每一讲的记录文本，使之明白和准确，然后给费曼做最后校对。每完成几章，立即将它们送交艾迪生-卫斯利出版社。

我尽快地送出前面几章，很快就回收校样，进行校对。这简直就是一场灾难！艾迪生-卫斯利的编辑改写了很多，将原稿中不规范的文体改成传统的、规范的教科书文体——例如将"you"改成"one"，等等。因为害怕为这事产生不愉快，我打电话给编辑。我解释说我们考虑到不规范的、交谈式的风格是讲课的重要部分，我们更喜欢用人称代词而不用非人称代词，如此等等。终于她理解了，以后就做得非常好——尽可能地保持原样。(以后和她合作成了愉快的事情，但愿我还能记住她的芳名。)

下一个绊脚石更加需要认真对待：选择一个书名。我回忆起，有一天到费曼的办公室去见他，讨论这个问题。我建议采用一个简单的名字，像"物理学"或"物理学初阶(*Physics One*)"，作者应当是费曼、莱顿和桑兹。他特别不喜欢所提议的书名，并且对建议的作者的反应更加激烈："为什么要写上你们的名字——你们只做了速记员的工作！"我不同意，指出如果没有莱顿和我的努力讲义永远不会成为一本书。分歧没有立即解决。几天以后，我又回来讨论，最后我们共同达成一致意见："《费曼物理学讲义》，费曼、莱顿和桑兹编著。"

费曼的序

第二学年讲课结束以后——接近1963年7月初——我正在办公室里给期

终考评分,这时费曼顺路来道别,说就要离开一段时间(好像是去巴西)。他询问学生考试成绩如何。我说我认为很好。他问平均分数是多少,我就告诉了他——我记得大概是 65 分左右。他的反应是:"喔,很糟糕,他们应该考得比这成绩更好些。我失败了。"对这个想法我试图劝说他,指出平均分数有很大的随意性,由很多因素决定,譬如像所出的题目的难度,所用的评分方法,还有这样那样的因素——我们通常试图把平均分数评得相当低,就使分数产生一定程度的分散而使评定的等级形成一条合理的"曲线"。(顺便说说,这是一种态度,今天我并不赞同。)我说,我想这些学生显然从课上学到许多东西。他没有被说服。

然后我告诉他《费曼物理学讲义》的出版工作正在顺利进行,不知他是否愿意写些序言之类的东西。这个想法令他感兴趣,可是他的时间很紧。我就提出建议,我可以打开我写字台上的口述记录机,他可以口授他的序言。所以,仍旧想着对二年级学生期终考平均分数的不满意,他口授了第一份费曼序的草稿。这就是你们在每一卷《费曼物理学讲义》前面读到的。序言中他说道:"我不认为我为学生做得非常好。"我一直懊悔以这种方式安排他作序言,因为我并不认为这是经过非常认真考虑过的判断。我担心这被许多教师用来作为不给他们的学生试用《费曼物理学讲义》的借口。

第 2 卷和第 3 卷

第二学年讲义出版的经过和第一年的稍有不同。首先,当第二学年结束的时候(当时大概是 1963 年 6 月),决定将讲课记录分成两部分,成为分开的两卷:电学和磁学,以及量子力学。其次,当时考虑量子物理学讲课记录可以通过一些增补和更为广泛的修订做较大的改进。到这最后时刻,费曼提出他愿意做几次额外的量子物理学的讲课直到下一学年的结束,这些讲课记录可以和原来的一起组成印刷本讲义的第 3 卷。

还有一个复杂情况。联邦政府在大约一年以前已经批准在斯坦福大学建立一台两英里(1 英里≈1.61 千米)长的直线加速器,用来产生 20 吉电子伏的电子用于粒子物理学研究。这是当时已建造的最大、最昂贵的加速器,它的电子能量和强度比任何已有的设备高出许多倍——这是一个激动人心的项目。一年多以来,被任命为新建的实验室——斯坦福直线加速器中心——主任的潘诺夫斯基(W. K. H. Panofsky)一直在说服我担任副主任,协助他建造新的加速器。在那一年春天，他得胜了，我同意在 7 月初去斯坦福。不过，我已承诺对讲义负责到底，所以我们约定的一部分是我要兼做这项工作。一到斯坦福，我就发现我的新任务比我原来预期的要求高得多，因而我发现如果要保持适当的进度，就需要在大多数晚上都要做《费曼物理学讲义》的工作。到 1964 年 3 月，我尽力完成了第 2 卷最后的编辑。幸运的是，我得到我的新秘书帕特丽夏·普雷斯（Patricia Preuss）大力的帮助。

到那一年的 5 月，费曼已经完成了关于量子物理学的额外讲课，于是我们着手第 3 卷的工作。由于需要做一些很大的调整和修改，我多次去帕萨迪纳和费曼进行长时间的磋商。问题很容易被解决了，到 12 月，第 3 卷的材料全部完成。

学生的反应

从我在讨论班里和学生的接触，我可以得到他们对讲课反映的十分明确的印象。我相信他们当中即使不是大多数，也还是有许多人体会到他们获得这一特殊恩典的经历。我也看出他们常常被一些思想的激情所吸引，同时学到许多物理学。当然，这并不适用于所有的学生。要知道这门课要求所有参加听课的每一个学生都是全心投入的听众，虽然其中只有不到一半的学生打算主修物理，对这许多学生也都同样要求。因此课程的一些缺点也就变得明显了。举一个例子，学生往往在区分讲课中的基本概念和一些次要的材料方面感到困难，介绍这些次要材料是作为应用的例子提供的。在他们准备考试的时候尤其会感到无所适从。

在《费曼物理学讲义》的纪念版的特别序言中，戴维·古德斯坦（David Goodstein）和格里·诺伊格鲍尔写道："……在课程的进行中，注册的学生的出席率开始令人惊慌地减少。"我不知道他们从哪里得到这个信息。我也不知道他们所说的"许多学生害怕上这课……"有什么根据，因为当时古德斯坦不在加州理工学院。诺伊格鲍尔是参加课程工作的成员之一。有时候他开玩笑地说，没有本科生留在课堂里——只有研究生了。这可能歪曲了他的记忆。大多数课我都坐在教室的后排，根据我的记忆——当然由于年代已久有些模糊——有大约 20％的学生并不为上课烦恼。对一个很大的班级来说，这个数字并非不寻常，我也记不起有谁觉得"惊慌"。虽然可能在我的讨论班上有一些学生害怕上这课，但大多数都受到讲课的吸引和激励——很可能有些学生会害怕布置课外作业。

我想举出三个例子来说明开头两年的那些课程对学生的影响。第一个例子是在讲课正在进行的那些日子,虽然那是在四十多年以前,但给我的深刻印象使我还清楚地记得这事。那是在第二学年的开始,碰巧由于课时的安排,我的讨论班的第一次上课正好在那一学年费曼的第一次讲课之前。由于我们还没有要讨论的课,也还没有已经布置的课外作业,不清楚我们应当谈些什么。我要学生说说上一学年的课程给他们的印象作为上课的开始——上学期的课早在 3 个月前就已结束。在一些学生回答以后,一个学生说,关于蜜蜂眼睛结构以及它如何在几何光学效应和因光的波动性质导致的极限之间求得平衡以达到最佳值[参见《费曼物理学讲义》(FLP)第 1 卷,36 - 4 节]的讨论引起他的兴趣。我问他是不是可以复述这些论证。他走到黑板前,我只给他很少提示,他就能够把论证的要点重新讲了一遍。这是在这堂课的 6 个月之后,并且没有给他们复习过。

第二个例子,我在 1997 年——讲课以后的 34 年——收到的一封学生的信。这位学生,比尔·萨特斯伟特(Bill Satterthwaite),他参加听课和我的辅导班。这封信来得出乎意外,是由他和我在麻省理工学院的一位老朋友偶然相遇而激起的。他写道:

> "这一封信是感谢你和其他与费曼物理学有关的每一位老师……费曼博士在序中说他并不以为他为学生做得很好……我不同意。我和我的朋友们都一直欣赏这些讲课,并且都体会到这些是无可比拟的精彩经历。我们学到许多东西。作为我们如何感觉的客观证据是:我想不起在加州理工学院的经历中任何其他正规课程获得过喝彩,在我的记忆中费曼博士讲课结束时常常发生这样的事……"

最后一个例子是在几个星期前的事。我偶然读到道格拉斯·奥谢洛夫(Douglas Osheroff)写的自传概略,他因发现氦-3 中的超流态而获得 1996 年诺贝尔物理学奖[和戴维·李(David Lee)及罗伯特·理查森(Robert Richarson)共享]。奥谢洛夫写道:

> "在加州理工学院的时光是美妙的,那时费曼正在讲授他著名的本科生课程。这两年的系列课程是我受的教育中极其重要的部分。虽然我不能说我完全理解,我认为这课程对我的物理直觉的发展贡献最大。"

回想

在紧接着讲课的第二学年结束后,我十分突然地离开加州理工学院,意味着再也没有机会观察基础物理课程随后的演变。所以我一点也不了解出版的讲义对以后学生产生的实际效果。大家一直都很明白,《费曼物理学讲义》本身不适合用作教科书。通常教科书的许多辅助部分都没有:像每一章的摘要,设计出说明原理的例题、课外习题,等等。这些都必须由勤奋的教师做出,莱顿和罗丘斯·沃格特编撰了一部分,他们在 1963 年以后负责这门课。我曾经考虑这些可以在一本补编本里提供,但始终没有实现。

当我多次出差和大学物理学委员会联系时,常常遇到各个大学的物理教师,我听说大多数教师不认为在他们的课上适合使用《费曼物理学讲义》——虽然我确实听说有些教师将这套书中的这一本或那一本用于"优等生荣誉"班,或者正规教科书的补充读物。(我必须说,我往往得到这样的印象,有些教师对使用《费曼物理学讲义》有顾虑,因为怕学生会提出他们不能回答的问题。)最普遍的是,我听说研究生发现《费曼物理学讲义》是准备资格考试绝佳的资料。

看来《费曼物理学讲义》在外国的影响远比在美国的更大。出版商已经安排了将《费曼物理学讲义》翻译成多种语言——据我的记忆有 12 种。当我去国外参加高能物理学会议时,我总是被问到是否就是这本红书的桑兹。我也常常听说《费曼物理学讲义》被用作基础物理课的教材。

我离开加州理工学院的另一个令人遗憾的后果是我再也不能和费曼及他的夫人格温妮丝(Gweneth)保持经常的交往。他和我从洛斯阿拉莫斯的日子以来一直保持着真诚的同事关系,在 20 世纪 50 年代中期我曾参加他们的婚礼。1963 年以后,我虽然只有很少的机会访问帕萨迪纳,但那时我总要看望他们,每当我和我的家人一同访问时总要共度一个黄昏。在这样的访问的最后一次,他告诉我们他最近因癌症动手术的情况,不久之后,癌症夺去了他的生命。

对我来说,最大快乐的源泉就是,直到现在,在讲课 40 年之后,《费曼物理学讲义》还在被印刷、被购买、被阅读,以及——我冒昧地说——被赏识。

圣克鲁斯,加利福尼亚

2004 年 12 月 2 日

采访理查德·费曼

查尔斯·魏纳（Charles Weiner）于 1966 年 3 月 4 日在加利福尼亚州阿尔塔地纳采访理查德·费曼。蒙尼尔斯·玻尔图书和档案馆和美国物理联合会允许。科利吉帕克，马里兰州，美国。

费曼：《费曼物理学讲义》，你要谈这个？

魏纳：我想这是合适的，因为这是这个时期一件非常重要的事情。

费曼：是的，那是很有兴趣的，现在我想起这些事，就是因为在那个时期这是一件重要的事情。我那时抱怨我没有做任何研究工作——我真的是疯了！现在有人向我指出，如我觉得那几年里没有做任何事情，那我真的是非常糊涂，因为那件事［《费曼物理学讲义》］就是一件事情。但是我仍旧没有这样的感觉，因为当你还年轻时，你把你自己献身于某种理想——就是你要在物理学中发现一些东西——如果你去做另外的一件事，你就很难做出使每个人都满意的合理解释——这件事只不过是我教了一门课。

不管怎样，下面就谈谈这次讲课的故事。当时有某个小组，我不是其中的成员，他们讨论应当改革物理学课程，因为许多学物理的十分优秀学生抱怨说，学了一两年物理，学到的只是投掷小球和斜面之类。他们在中学时就听到许多关于相对论和奇异粒子，以及世界的各种惊异的事物，但直到他们成为研究生之前还一点不知道世界的惊异到底是哪些，这些都是艰深的问题，他们力图改革物理课程。为此他们制定了几种教学大纲，但问题是由谁来实现？我不知道在他们内部是怎样讨论的，不管怎样，桑兹到我这里来，他要我讲这门课。

不过，我要丢开这些教学大纲。你们知道，我当然决定按我自己的方式来做这件事。但我还是得到必需包括些什么内容的一般观念。他们要我教一年级大学生的课。他们想要改革课程。那时惯常的做法不是所有主要课程都由一位主讲教师来讲。但习惯于分成一些小班,由一些研究生分别教各个小班。当时,他们一致的唯一的事情是,可以选修和物理课程没有直接关系的某一种文化课,每周一次,在星期五,也可能是两周一次,在星期五。

魏纳:或许是某种历史课?

费曼:是啊,那是些不同的东西。我常常受邀请去作讲座,讲些关于相对论之类。这种讲座不是他们课程的一部分。但有时候有人会讲一些就是他们课程中的一部分内容,但不是系统的。

那时他们正准备建设新的实验课。他们要组建新的实验室,他们为实验室安排新实验。他们要重新设计课程,每个星期至少有两次由一位主讲教授讲授的课,然后有由研究生主持的辅导班。我要不要讲这门课呢?明白吗?他们得到福特基金会为这项改革提供的资金。那个时候为了改变世界,到处都有许多钱。

于是我说"好"。我接受这一挑战,以一年为期,我试着开一门课,每星期要讲两次。

魏纳:你是不是放下了其他所有工作,所有其他教学工作?

费曼:实际上确实如此。我很难相信,但我的妻子说我基本上是夜以继日地工作,一天16小时,始终如此。我所有时间都花在这上面,在考虑这些问题——准备这些课程,因为我不只是要准备材料,我还必须准备讲课,所以说那是一门很好的课,不知你是不是明白我的意思。

我有这样的观念——我有一些原则,有几条原则。第一条是我不教他们那些原来就不正确,因而我不得不重新再讲一遍的任何内容。除非我指明这是不正确的。例如,牛顿定律只是近似的,而学生并不懂得量子力学,也不懂相对论。我一开始就说明这些,所以他们知道他们处在什么位置。换句话说,应该有某种地图。事实上,我甚至想过做一张包括各种事物的巨大的地图,图中表示事物的相互关系,从而我们可以看出我们目前处在什么位置。我认为所有物理学课程的困境之一就是它们只说:你要学会所有这些,你要学会所有那些,只当你学完所有东西以后你才知道它们的联系。但是你瞧,没有可以"引导你走出困境"的地图。所以我想绘制一张地图。但是发现这个计划没有行得通。我是说,还是没有绘制出这样一张地图。

　　另一原则是,我希望所讲内容足够让好学生深入思考而平均水平的学生也应该懂得。我试着创新。

　　我再重复一遍这些原则。第一条是,我从不介绍任何不严格正确的东西而不说明它并不严格正确以及以后将会如何改变。(另一件事,你瞧,我查阅一些书,我开始发现有很严重的缺陷:例如,在同一本书里面,他们讲 $F = ma$,稍后又讲摩擦力等于摩擦系数乘以法向力……好像它们有同样的品质和同样的意义。你知道,它们的性质是完全不同的,书中一点也没有加以说明。)这就是第一条原则。

　　第二条原则是:在你已经说过的内容中应该弄清楚,估计哪些内容学生是可以理解的,哪些想来还不能理解。因为我发现在一些书中会突然冒出一些东西,譬如交流电路的频率公式。这被认为是比较高级的内容。现在还不能推导出来,但是他们没有说,"在现阶段你们还不会理解这个公式,其理由只是它超前讲到了,这是外加的内容。"换言之,什么是外加进来的,什么可以从其他东西推导出来? 即使某些公式可以从其他公式推出来——但你没有进行推论——你应当说明白。我总是说,"这是可以推导出来的,大致可以像下面所说的那样做,但我们不打算那样把它推导出来。"或者说,"这是一个从另一个地方得来的独立概念,你看,你还不能推出它,所以不必担心。"

　　像这样的原则有几条。问题是讲课中哪些内容对平均水平的学生合适,并且还要有给优秀学生的材料。在我准备讲课时,我头脑中出现一个想法,在课堂前面放一个立方体,它的各个面有不同的彩色,当某些内容只是为了提高兴趣,为了使比较好的学生提高他的兴趣,但实际上不是课程中的主要内容,就翻出一种彩色面。你明白吗? 当讲到一些如此基本的问题,这在整个物理学中是绝对必须懂得的,每个人都应当尽他们的最大努力去搞懂这些问题,翻出另一种彩色面,如此等等。彩色面指示不同主题的重要性和地位。因为我所担心的是所有学生都想学会所有这一大堆的东西,如果他们能做到,那说明我还没有给优秀学生喂饱。你不可能做到这样。就是既要喂饱优秀生而最笨的学生或不那么优秀的学生也不会感到迷惑,这是不可能做到的。

　　所以我产生了这个立方体的想法,但是因为这有点像是骗人的机关,代替这种方法,每一节课我都在黑板上写下必须懂得的中心内容的概要(这些都丢失了）。在概要中没有的其他内容只是为了提高兴趣。但这些再也找不到了。*

最后，让我想想——刚才我讲话的时候还想到其他一些事情。我现在忘了。

所以，我就开始上课。一开始，我要做的第一件事就是把学生集合在一起。在许多课上，教师不懂得开始讲课的逻辑。开始的实际逻辑是，将所有从高中来的孩子们带到大体上同一个起点。例如，我要讲每件物体都是由原子组成——并不因为我认为他们不知道，而是因为我希望不知道这些的人也知道。你知道，我不能把这明白说出来，所以我以这样的方式来说，使得已经知道的学生也会感到激动，因为这是以一种新的角度来看这些问题，而原来不知道这些内容的学生也能够理解并赶上我所要求的水平。诸如此类。所以，开头几次讲课是要把每个学生都带到同一起跑线上。

这些课也是我在另外一些场合下已经讲过的，特别是开头的那几讲，这样我就可以有时间准备以后的讲课，你知道。最后——啊，还有一个原则，非常重要的原则：我希望每次讲课本身都能够独立成章。我认为这不是一个好的想法：就是在一堂课最后说："好，下课时间到了，下一次我们要继续这一堂课讲的内容。"或者说"上一堂课下课的时候我们正好讲到这里或者其他东西。现在我们继续讲下去。"

代替这种做法，我要使自己相信，可以使每一讲都以这种或那种方式成为独立的优秀作品。你看，在一堂课中，有起始、介绍和有点戏剧性的结论。每一堂课都是这样，只有少数例外。有一次或两次我做不到，我把两次讲课连接起来，或者诸如此类的事情——但那是另一个原则。我只是告诉你做这些事的指导思想。

最后，我们主要兴趣是物理学以及如何组织材料。我喜欢将材料组织起来，想想看怎样把它们组织在一起，并且从中发现看待某些事物的新视角以及我可以怎样来说明它，等等。我不是这种类型的教师，他们对学生个人的事感兴趣。我意思是说，我不关心：这个小伙子是否结婚，他正努力取得学位，以及这类乱七八糟的事情。我尽我的最大努力把学生多多少少当成抽象的学生来教，他们有虚构的性质——混合起来的，混合的，有很多不同类型的抽象学生——但没有

---

* 费曼讲课的概要在加州理工学院档案馆保存的黑板相片上都保留着；将发表在《费曼物理学讲义》的增强电子版上。参见 http：//www. basicfeynman/enhanced. html。

特定的个人。在所有情况中，主题是我兴趣的中心——不是学生而是主题。你想知道我对它们（讲课）感觉怎样。此外我还可以对讲课说些什么？它们都已经发表了。但我还是试图向你说明我自己对它们的感觉，以及我对我试图做的事有什么想法。

魏纳：当你在讲课的时候是否得到某种意义上的反馈？

费曼：没有。无论什么都没有，我没有办法知道发生什么情况。因为我没有上辅导课，并且我在讲课结束的时候也没有提出什么问题。料想所有问题都放在辅导课上。所以，反馈为零，除了有一些考试，他们出一些题目。在考试周里给学生出一些题目，学生要写出答案，你知道就是这样。他们是如此恶劣——就我的看法——一点反馈也没有。从某种意义上说，我确实在整个教学过程中感到沮丧。之所以感到沮丧的并不是对于我所走的路是否一直按照正确的道路前进这一点，而是对于我始终觉得这样做是不是行得通，是不是毫无意义——但是没有关系，不管怎样我还是要做下去。我的意思是说，这是我所知道的如何去做的唯一方法，见鬼去吧。但它行不通。

魏纳：那些直接参与辅导课的人是怎样的态度？

费曼：直接参与辅导课的人告诉我，我低估了学生，他们不像我想象的那样差。但我从来不相信他们，现在还是不相信。

魏纳：你不认为这种类型的讲课，它的效果是很难用传统的考试方法来测定吗？

费曼：当然是这样。但是只要让我们假设你有一些进展。但你还要做别的什么事呢？我意思是说，你问我的反应是什么。这可能不容易说清楚，但我期望他们对这些简单的问题做得比他们已经做得更好。换句话说，一个人不会做他们显然不会做的事，他肯定没有懂得我讲的是什么。这就是我感觉到的。

魏纳：这工作你做了多久？三年？

费曼：这件事我做了一年后，他们给我做工作，要我教第二学年。于是我说："我更喜欢再教一遍第一年的课。当时我想编写出配合讲课内容的习题并做一些改进，但主要是编辑配合课程内容的习题，这样就可以扎扎实实地去教这门课。"至于对一些内容做某种改进，我并不很在意。

然后他们给我做工作，他们以某种方式，不管什么方式。他们说："看，没有人会重做一遍同一件事。我们需要你讲第二学年的课。"

　　我不喜欢讲第二学年的课,因为我不认为我对怎样讲第二学年的课有什么了不起的想法。我觉得关于怎样教电动力学的课我并没有好的想法。但是,你瞧,讲这门课面临着挑战,挑战我讲解相对论,挑战我解释量子力学,挑战我讲解数学和物理学的关系和能量守恒。我回应了所有挑战。但还有一项没有人提出的挑战,这是我对我自己提出的,因为我不知道该怎么做。我还从来没有做成过这件事。现在我想我知道怎样去做了。我以前还没有做过,但我想有一天我将会去做这件事。这件事就是:你怎样讲解麦克斯韦方程?你怎样在一个小时的讲课中对一个外行人,或几乎是外行的人,一个非常聪明的人,解释电学和磁学的定律?你怎样做?我从来没有解决过这个问题。好,给我两小时的课。它应当在一小时的课中完成,或者两个小时也可以。

　　不管怎样,我现在已经构想出更好得多的方式来讲授电动力学,比书里的更有独创性并且更有效的方法。但当时我还没有新方法,并且我埋怨自己没有贡献出额外的东西。但他们说,“无论如何要去做做看。”他们叫我参加进来,就这样我去做了。

　　当我准备的时候,我想要教电动力学,然后要讲一些拥有同样的方程式,而实际上在物理学中是完全不同的分支——如将扩散方程用于扩散,用于温度和其他许多问题。或者声、光的波动方程,等等。换言之,后一半有点像物理学中的数学方法,但有许多物理学的例子。我教物理的同时也教数学。我要讲傅里叶变换、微分方程,等等。虽然这看上去不像原来的样子。这些内容不是用通常的方式组织起来的。这里有不同的主题,关键在于这许多不同的领域中方程式都相同。当你处理一个方程式的时候,你应当指出得到这四个方程式的所有领域,而不是只讲方程式。所以我就照这样做。

　　后来我又得到另一个机会。或许我可以给二年级学生教量子力学;没有人期望这件事可以成功——那将是一个奇迹。我想出一个疯狂的、上下颠倒的方法来教量子力学,把里外完全翻转。其中,各种高级的内容先讲,所有传统意义上的基础概念最后讲。

　　我告诉这些家伙我的想法,他们不停地来对我游说。他们说,我一定要去讲,我所说的数学方面的问题可能有一天别的人也会去做,但你说的这些东西是独一无二的。他们也知道以后我再也不会做这事了。我必须做这件独一无二的事,你看——即使这样做简直是要杀死这些孩子,他们学不会,这样做并不好。

我不清楚实际情况到底会是怎样，有没有价值。我应当试一试。所以我就去做了。这就有了关于量子力学的第 3 卷。但第 2 卷和第 3 卷其实是一学年的课程，就像第 1 卷是一学年的课程一样。

魏纳： 这说明你花了整整两学年的时间。

费曼： 正是。一个是 1961—1962 学年，另一个是 1962—1963 学年。

魏纳： 从那以后，当然，就像你昨天说的，你对它有较好的感觉。

费曼： 有一些。

魏纳： 因为它们在加州理工学院以外也使用了。

费曼： 是啊。我还没有做的时候人们就向我指出应该去做。我可能逐渐转变过来理解这种情况。我要坚持的是，我从一开始坚持做的就是教这一群特殊的学生，这就是我要做的一切。我不停地说："你没有别的路，只有死路一条，你非去教这些学生不可。换了别人就不会碰到这种事情。"我想这大致不错。假如我去听另一个人在这几本书的基础上讲的课，我会看到各种缺陷、错误、弱点和曲解。你确实只有死路一条。但是必定有还活着但没有听过某教授讲课的人，他只是自己读这本书并且独立思考。他们一定可以从中得到一些东西。所以，如果我还存在一些希望，这本书对他们有一定的价值，这样想或许我对整个事情感觉会好一些。我想，关于我实际上针对的那些特殊学生，我公开声明这些学生是我设定的目标——我并不关心书或者其他任何事情，我只关心学生——我想其结果远远不值所做的努力。*

---

　　* 二十年后，费曼在谈到《费曼物理学讲义》时说："其中有各种各样的材料，更多从基础物理的观点来讨论，显然这些都是有用的。现在我必须承认，我不能不说这确实是对物理世界的贡献。"——摘自梅拉（J. Mehra），《另一种鼓的节拍》（*The Beat of Different Drum*）（1994）。

采访罗伯特·莱顿

取自《罗伯特·莱顿：口述历史》，海蒂·阿斯帕图里安（Heidi Aspaturian）于 1986 年 10 月在加利福尼亚州帕萨迪纳的采访。蒙加州理工学院档案馆允许。加利福尼亚理工学院，帕萨迪纳，加利福尼亚州，美国。

莱顿：费曼的课很重要，我在编辑和将"费曼语"翻译成英语等方面起了一定的作用。那是一段有意思的、激动人心的时光。

在 20 世纪 60 年代初，那一段时间[格里]诺伊格鲍尔和我正在讨论红外线，并且那时我对水手号*会感兴趣，在这时候出现了《费曼物理学讲义》。这来自一个项目——我在这项目中起了某种领导作用——重新制定一年级物理学课程。关于如何做这件事，我那时已经有了一些想法，在一年级物理课委员会中其他一些人也有些想法。但讨论到一半，马修·桑兹说道，"好，真的，我们应当请迪克·费曼来讲课并把他的讲课用磁带录音机记录下来。"当时桑兹是加州理工学院的物理学教授。他是一个激进的人。他年轻的时候曾经参加洛斯-阿拉莫斯计划，所以他和费曼很熟悉，便去和费曼谈谈。但费曼拒绝了。

阿斯帕图里安：关于费曼的讲课，什么原因使得他断然地选择了这一件事情。

莱顿：费曼具有独特的能力，就是在他说明某件事情的时候，这事情就显得非常明白易懂——你可以看到每种事物都是合适的，你会带着对这些问题非常好的感觉离开。"好啦，这里有许多自由端，这些是我要进一步探讨的；孩子们，

---

* 水手号计划（Mariner Program）是美国宇航局从 1962 年至 1972 年发射一系列行星际机器人探测器的计划，共发射 10 枚水手号飞船，其中第 2、第 3 号失败，水手 2 号探测器中使用了微波和红外辐射计，于 1962 年发射。——译者注

这些不是很了不起吗!"大约两个小时以后,就像人们关于中国食品所说的,全都吃完了,可是你还觉得饿。你一点也不记得发生了什么事。

我亲眼目睹一件事。在 20 世纪 50 年代末,费曼给外行听众讲解爱因斯坦狭义相对论的基本概念,地点在东桥楼(East Bridge)201——当然这间报告厅里挤得满满的。他用他特有的方式把主题精简为最少的几句话,就是 $1-v^2/c^2$ ——"你一定要搞懂的问题就是 $1-v^2/c^2$ 的平方根。"演讲结束后,在出去的路上,我无意中听到一位年轻女士向她的同伴说,"我很少听懂他说了些什么,但是那肯定是很有趣的!"费曼具有做这种事情的方法。

阿斯帕图里安:这听起来就好像他做了像虚粒子那样的意义上的虚报告。

莱顿:[大笑]嗯,就是这样。是的,把事物带到现实中,只有短暂的时间又看着它重新又沉到海里!

阿斯帕图里安:这种想法使他永远离开真空。

莱顿:是的。所以马修·桑兹去找费曼,费曼拒绝了,但最终他还是同意做这事。这就是《费曼物理学讲义》的来历。

莱顿:在他的讲课中,费曼试图将本科生物理课组织到两学年系列课程中,结果成了三学年,因为在前两年中他没有实实在在地讲量子力学——虽然他在这里或那里涉及孤立的片段。他直接从原子出发——他没有停留在原子上而把它留给化学,只给一年级学生讲滑轮和弦!他给一年级学生反复提到物理学就是原子的性质这个事实。用这样的分类方法,他力图将每一堂课做成各自独立的章节。现在,你只能在一定程度上做到,因为你必须将你的知识放在一定的数学水平的基础以及数学应用于物理学的熟练技巧上,还有诸如此类的一些东西。

无论如何,首先能促使费曼去做这事本身看上去就是了不起的想法。事实上,后来发现这对成熟的物理学家比对一年级大学生更合适。费曼的讲课对大多数一年级学生来说,内容是稍微多了一些:对大约百分之二十的学生来说它是理想的课,绝对完美。对大约百分之六十就不是了。他们的反应多半是像"确切地说,他难道期望我们学会所有这些东西吗?"

第一学年我负责实验室和课程的协调。我还负责将讲课内容誊写成书面形式。我在这本书的前言中曾说明我们原来指望将书的编辑工作安排给研究生做——加上一些 i,去掉几个 t,在这里或那里改几个誊写员可能误解的字,等等。

阿斯帕图里安：怎么会委派你去监督书的编辑工作？

莱顿：我是课程改革小组的主席。你总不可以让费曼自己来处理整个课程，他要讲课。讲课占用了他所有时间。还有实验课配合讲课，新内容是完全不同的，这要求一年级实验室排出完全新的实验。现在已经退休的（H. 维克多）内赫博士具体负责实验部分。但我是协调人。

讲课被录音；费曼用一个挂在衣领上的无线传声器，我们雇用了一位年轻女士誊写这些录音。她愉快地尽力去做，听录音并打成书面文字。她的工作做得很好。但是大概经过六次或八次讲课，结果什么有用的东西都没有得到。誊写本是逐字逐句誊录的，可是在现在这种情况中逐字逐句誊录就很糟糕——因为费曼对任何东西从来都不是只讲一遍：如果不是重复三遍半或四遍，他至少要重复两遍再加一半——每一次他都用不同的方式来讲。然后他进入下一个论题，讲了两分钟，他还在想他是不是可以把前面的论题解释得更清楚些，于是他又回过来重复讲。结果是组织得很松散，有点乱。我只得亲自把它理顺，编辑出第 1 卷。这是专职工作，没有全心全意去做的话就不可能给出满意的素材。

这里有很特别的一段，如果我到费曼的书里去找的话，我肯定可以找到。我想让你知道原来费曼讲的话是什么样子的。［大笑］它和牛顿以前的物理学以及牛顿以后的物理学有关系。费曼的意思是说，在以前，世界正是在黑暗和迷信的极度混乱中——以后世界全都是光明的，有秩序的并且是可理解的。这绝对真实，他总是用这种一点也不明白的方式来表达。他讲的句子里面没有一个动词！［大笑］

阿斯帕图里安：当你们开始的时候你了解费曼吗？

莱顿：喔，大约和我今天了解他一样。我猜想他和我都有某种社交方面笨拙的问题：我记不住人的名字，除非我要十分认真地记，并且要花很长的时间。如果我要将某个人的姓名在我的头脑中归类，这样我才能再把他想起来，我当时就一定要立刻这样做。但问题在于，给我介绍某人是在谈话过程当中，并且谈话还在继续进行，他或她是谁立即从我头脑中丢失了。这是这种缺陷的一种表现；费曼也有这个问题。我知道，他在麻省理工学院时和某个后到加州理工学院的人同室居住至少有一个学期，他居然想不起那人的名字［大笑］！

阿斯帕图里安：和他一同编写《费曼物理学讲义》工作是怎样的情况？

莱顿：最初打印出来的稿本绝对是没有加工的"费曼语"，必须在原始的稿纸上做粗略的编辑。我将他的每堂讲课的材料整理成我认为可以打印到正式的稿纸上的程度,再送回年轻的女打字员,重新打印成文以送交费曼校勘。他会抽时间看这些,但通常没有评论——这就是说他完全满意。

另一件事是,讲课是在 11 点钟,接下来是午餐。我们总是一同去吃午饭,当他对某些事情的做法不满意时,就会提出问题或者批评,"要把这事做得更好我们可以做些什么呢?"就会有一些想法,然后我们进行讨论。还有另外一些听课的人——教授和助教——就会有几分像流动午餐,部分是讨论讲课。这并不是有意识这样组织的,但却是得到某些思想的好机会。

阿斯帕图里安:这最初的设计是否主要是为了有益于加州理工学院学生?

莱顿:噢,是的。

阿斯帕图里安:但后来它还是有些扩大,不是吗?

莱顿:是啊,没有一个教一年级物理的教师会拒绝拥有一本《费曼物理学讲义》,无论他在课堂上是否用它。这一计划是福特基金资助的,我也不知道版税是多少。有一个约定,学院同意将教材获得的所有版税都用来支持加州理工学院同样类型的活动。没有任何版税支付给参与讲义编辑的人员本人。这是教学任务,所以这个计划不能作为有著作权的手稿对待。这也是应该的。当时费曼说,"要看以后的四年或五年我们的工资有多少,我们就会知道它是不是卖得很好。"[大笑]他是对的。我们的工资一直增加,他的以及我们这些在他周围工作的其余许多人——原因显而易见,我猜想。

阿斯帕图里安:你的儿子拉尔夫也参加了同样的工作。*那是怎样一回事?这是不是成为家族的特权了呢?

莱顿:我对事情发生的先后次序已记得不十分清楚了。我的妻子和我那时常常举办聚餐会,费曼肯定参加过一次或者好几次这样的聚餐会。我的儿子拉尔夫那时在高中读书并且热衷于敲鼓,他和一群喜欢音乐的朋友十分友好,其中有会玩各种乐器的孩子和他们的父母——这给我们家带来另外一群客人。有一次,费曼听到拉尔夫和他的朋友在另一间房里敲鼓,于是他就进去了,他和孩子们在一起总是感到更加自在。他介绍自己,于是他们邀请他敲鼓。从此导致费

---

　　* 拉尔夫·莱顿是费曼的两个回忆录集——《别逗了,费曼先生!》(诺顿出版社,1985);《你为什么关心别人在想些什么?》(诺顿出版社,1988)的誊录员,这两本书在 2005 年合并成一卷《经典的费曼》。

曼、拉尔夫和两位碰巧来访的朋友组织定期的鼓会。

　　我自己对费曼的敲鼓技巧感到好奇，有一次我问拉尔夫，"哎，费曼是一个好的鼓手吗？"他说："是啊，他敲击的节奏完全准确，并且他的节奏非常快，虽然有的时候开始时有些不顺——但是对一个老头子来说他是十分好的。"〔大笑〕我告诉拉尔夫，他刚才说到的这个人可能是当代世界上懂得宇宙中各种事物是如何运作的比任何其他人都多的一个人。〔大笑〕

　　不管怎样，拉尔夫的其他音乐朋友都先后离开，进了这所或那所大学，但费曼和拉尔夫继续一同敲鼓。如果你和费曼交往足够长的时间，你就会不经意间听到这些惊奇的故事。毫无疑问，这些故事在讲的时候夸大了，但都十分真实可信。有一只无限大的锅子，他时不时地从里面掏出一个故事。就是说，记忆中的一些东西会被回忆起来是这样或那样的。如果你在一些同样的谈话情况中碰巧和他在一起，你会听到同样的故事——例如费曼还是孩子的时候修收音机，在洛斯阿拉莫斯和将军打交道。费曼可以一直讲下去：从一件事联想起另一件事——那是很惊人的。这个人绝对是不可思议的。

　　阿斯帕图里安：所以说贮藏着取之不尽的（inexhaustible）故事。

　　莱顿：或者就像有些人说的，不可饶恕的（inexcusable）*！〔大笑〕

　　在他们鼓会期间，拉尔夫把这些故事录音下来。然后他把这些打印出来，先是用打字机，后来用我的电脑。费曼对这事很满意；这事完全不是偷偷摸摸的。这就是拉尔夫说的，"这些故事多么了不起，就像宝石滑过我的手指间——我能把这些打印下来吗？"

　　后来到某个阶段，我对拉尔夫说："我来整理打印稿你看好吗？我只是想重温我的记忆。"所以我阅读了大部分打印稿。我时而发现一些弄错了的词汇。

　　阿斯帕图里安：你对大多数故事都熟悉吗？

　　莱顿：喔，是的。对我来说只有百分之二十是新的。我想拉尔夫和我用不着老是讨论这些事，我们在完全不同的场合下了解到关于迪克的同样的一些事：关于他说些什么，你只要做很少的编辑工作。你应当让它尽可能地接近于原来的样子，包括他独特的讲话方式——只是不要重复。在物理学讲义中，我发现非

---

　　* 这一句"不可饶恕"的英文 inexcusable 和上一句中"取之不尽的"英文 inexhaustible 两个英文字发音相近。——译者注

常重要的是将重复的材料整理成为好的表达方式并保留这种形式。拉尔夫在处理文字方面很有才能。不过,这件特殊的任务是他第一次试着写一些要发表的东西,他从爱德·哈钦斯(Ed Hutchings)[工程学和科学编辑]那里学到了一些有价值的知识。

阿斯帕图里安:还有什么后续计划?

莱顿:噢,还有更多的故事。后来还有 QED[《量子电动力学:光和物质的奇异理论》,理查德·费曼著(普林斯顿,1985)],这已经出版了并得到相当好的评论。我猜想拉尔夫还在玩他的磁带录音机。

阿斯帕图里安:在[《别逗了,费曼先生!》]那本书里,有一些东西我发现并不都是对费曼正面的表现。有没有讨论过删去一些这样的内容?

莱顿:没有。他就是这样的人。

采访罗丘斯·沃格特

这一段的材料是拉尔夫·莱顿于 2009 年 5 月 15 日在加利福尼亚理工学院做的记录。莱顿和迈克尔·戈特利勃采访罗丘斯·沃格特,有关 20 世纪 60 年代初期加州理工学院以及讲授费曼的物理学是怎样的情形。(感叹号通常表示沃格特对他当时所说的事情发笑。)

莱顿:我想请问在《费曼物理学讲义》中你的作用。请你把我们带回那些日子。

沃格特:1962,我来到加州理工学院,本科一年级的课是 1961 年开讲的——我来时正值费曼的一年级课程必须翻译成一般人都可以用作教材的东西——这是一个很大的挑战!当加州理工学院聘用我的时候,我告诉物理系主任卡尔·安得森(Carl Anderson):"我还要结束在芝加哥的一些重要工作,到十月中旬以前我还不能离开。"他说:"没有问题,请别人来上你的课到十月中旬,你一来就要上课。"那和今天的方式完全不同,我还记得我的妻子米茜苓(Micheline)和我在一个星期六下午到达帕萨迪纳,星期一早上我就到教室里——我还不知道我要做什么!

这是第二学年的课程。费曼给二年级学生讲课,那时你的父亲[罗伯特·莱顿]讲一年级的课。莱顿的课讲得非常好,在这样的小组中工作是很愉快的——看到我们这些平凡的人可以教费曼讲义确也是了不起的事,许多人怀疑这种事是不是可能!在鲍勃·莱顿的领导下,我作为助教,教两个辅导班——一个普通班,一个重点班。重点班程度相当整齐,普通班就不那么整齐了;因为其中包括学生物的学生,他们并不想学物理!不过,还是得到了预期的效果。这个班比重点班更具挑战性——重点班非常容易教:他们自己都会做,不需要我。

莱顿：这是很有趣的，当你教优秀学生的时候，你怎样知道你是个好教师！

沃格特：你说得不错。那时有所谓"教学质量反馈报告"，针对所有教师，并且一直都有。我看到我自己的。其中有"他的工作做得很好，当然有像《费曼物理学讲义》那样优良的教科书，任何人都可以做到！"当时他们认为这是一本很好的教科书。以后的几年中，加州理工学院的人说《费曼物理学讲义》确实不适合做教科书——但令人觉得诧异的是，许多人把这本书和指定给他们阅读的一些教材并行研读——这意味着这套《费曼物理学讲义》并没有失去价值。但在加州理工学院，它应当仍旧用作教科书，就应该如此。

那是不容易的，因为我们没有人具有费曼那样的魅力和号召力——没有人能仿效。但到我的第二学年，我（接着鲍勃·莱顿）给一年级学生上课，我总是布置这样的作业：阅读费曼书的下面的一章，然后我要教你们它有什么意义。这很有效，因为我不是鹦鹉学舌般地复述费曼。事实上，我告诉他们："对我来说鹦鹉学舌般地重复圣经是没有意思的——圣经是独立自明的——但是我可以告诉你如何理解它。"我给他们例题、应用、扩充，有时作解释——因为费曼有时候站在很高水平上——这样做看来是有效的。

你可能对我第二学年在加州理工学院如何接着讲《费曼物理学讲义》会感到有趣。十月初的一天，鲍勃·莱顿和我偶然相遇，他突然说："罗比，我要你接着教这门课。"

"发生了什么事，鲍勃？"我关切地问。

他说："我需要休假，我已经决定去亚利桑那州基特峰（Kitt Peak），我决定你来接替费曼课程。"于是，鲍勃·莱顿要将《费曼物理学讲义》交给我去讲的消息不胫而走。

马修·桑兹听到这个消息勃然大怒！我还记得在鲍勃·莱顿的办公室里和他讨论这件事的时候，马修·桑兹在外面声嘶力竭地大叫，我敢说从来没有人像这样叫喊过。"鲍勃·莱顿神经错乱了！他疯了！他让这个毫无经验、幼稚的助理教授接替费曼课程！这简直是污辱！我反对！"他确实很激动，由于他深深的关切，他信任鲍勃·莱顿，但他从来没有听说过我。

不管怎样，1963年10月21日，我讲了费曼课程的第一堂课。当时发生了几件事：我准备在十二月份的四分之一学期休假期间到印度去参加一个会议，所以要打黄热病和伤寒病的预防针——打了伤寒预防针后我发了高烧——在

10月20日我发着高烧。更有甚者,那天正好我的妻子米茜苓把我们的第一个女儿米茜尔(Michele)带到了这个世界,所以我在10月20日晚上一直待在医院里,等待着事情的发生! 我只有两个小时睡眠,我发着高烧,我还要讲我的第一堂费曼课——这真是怎样的一个开始。

顺便说说,你的母亲爱丽丝(Alice)做了一件绝对不可思议的事:她给我们打电话说:"我觉得鲍勃使你陷进费曼课程真是不应该,我知道你的孩子刚刚出生,所以我决定为你们定购了洗尿布服务——这可能对你们有所帮助。"就是这样。

不管怎样,正如我说的,我觉得教费曼物理非常愉快,因为这些都是非常聪明的学生;如果你给他们机会,他们会做得很好。我认为实际上他们在我的引导下能比在费曼指导下做得更好,因为在费曼以外还有某个人教他们费曼的运用。

你大概知道,费曼讲课的时候一半以上的助教都是教授。甚至在我担任讲课教师时,也有好几位教授上辅导课——我的一位助教是汤米·劳里森(Tommy Lauritsen)。汤米帮了很多忙。每堂课他都来听,告诉我哪些是好的,哪里可以改进。做助教被认为是准备讲授《费曼物理学讲义》必需的。我讲授《费曼物理学讲义》两年后,汤米接替我——他是下一位费曼讲师。

当我在鲍勃·莱顿手下担任辅导课时,我对费曼课程逐渐搞得非常熟悉。不然,如果我因没有这个背景而毫无准备,我就不可能做出优良的业绩。作为助教,我学到了学生需要什么——怎样做对他们有效,怎样没有效果;即使我做了讲课教师,我也总是教一班和我上的大课并行的辅导课,因为我要知道学生是怎样做的,我怎样可以教得更好。当你上一个10到20个学生的小班课的时候,你会得到非常好的反馈,而在上大课的时候你很少得到反馈,因为他们忙于记笔记和听讲。有时候课后你稍微多留一会,但这不是同一件事。但当你布置课外作业并和他们讨论的时候,你会发现学生是否真正懂得物理意义。

对于课外作业,我有自己的观念,这与他们现在所做的完全不同——这就是,他们印出解答并在布置作业时就交给学生,或者用去年的,因为他们常常再次使用同样的题目。我完全反对这样做。这是一个心理学的问题,当你被难住的时候,你完全不知道下一步该怎么做,很自然地你想看看结果以帮你克服困难。但很快你开始越来越早地查看解答。所以我把我的观念给学生讲得很清楚。我说："我希望你们首先试着独自做你们的课外作业。但是,如果你们在我布置的一个题目上花了 20 分钟还不知道怎样做,然后去和别人讨论。不要因此觉得难过。有时候你只是没有搞懂;你可能忘了某些关键的东西。只要某人给你一些启发,你就知道如何做了。然而,一旦你理解了这个问题,就回你的房间,你自己求出解答——不要抄别人的答案。"

还有第三种情形:我说:"如果有几个人一起做,经过半个小时还做不出,就给我打电话。"我忘了学生什么时候做他们的作业——于是我在半夜两点或三点钟接到了电话:"我们被难住了! 我们刚才花了一个小时,但毫无头绪!"

戈特利勃:我要问他们另外一个问题:"你们认为适合给教授打电话的最晚时间是几点钟?"〔大笑〕

沃格特:实际上我很高兴他们这样做。在你年轻的时候,半夜三点钟被叫醒并不是一件了不起的事,花 15 分钟和学生谈话然后回去睡觉——尤其是在隔壁房间还有一个婴儿在哭闹! 至少我知道了对学生的问题该怎么办;至于孩子的哭闹,我想都没有想!

回到你的第一个问题,拉尔夫,关于我在费曼课程中的角色。我把我自己看作助手,是一个解释者,是费曼和学生之间的中间人。另一个角色是和鲍勃·莱顿一同提供练习。他对我有非常大的影响,我是说就是他让我参加这项工作!当我们编写出 A、B 和 C 三类问题时,他常说,"我们还需要两个 A,或还要两个 B。"通常我们有很多 C,最难的题目! 他总是知道缺失了什么。有时候他会提出一个题目,但更多是说"罗比,再想两个题目——我知道你能够做到。"这是他的风格:他觉得每个人都有足够的办事能力;他们只要有做这事的动力。他不以为他是在利用我,他只认为他应该帮助我做正确的事。

几年之后,有一次我"作弊",用了别人的习题。有一篇我心中的英雄瓦尔·特莱迪(Val Telegdi)的关于计算电子的 g 因子的重要论文。发表在 *Nuovo Cimento*(意大利的物理出版物)上,我记得好像共有 65 页。大部分数学推导我都不懂。我仔细读了这篇该死的论文并对我自己说:"读懂这篇文章真是一件苦差事!"然而,我想起了费曼给二年级学生讲的量子力学课程,我知道你可以根据《费曼物理学讲义》解同样的问题。于是我就给三年级学生出了一个课外作业题:"求电子的 g 因子。"

班上一半以上的学生都能做出这一道题。当然也要善于随机应变,因为你不能将费曼给二年级学生讲的量子力学的风格用于所有事情,但它对于像这样的一些物理问题有重要的应用价值。你无法想象这些学生感到如此自豪:他们只写了一页半就能够完成特莱迪的有许多数学的 65 页的物理问题!所以他们认为费曼量子力学非常优美,就是这样。

　　我还想起另一件事,这要追溯到我们教费曼课程最初的几年:每周星期三,大约六到十位物理学家共进午餐(我们自带,或者到帕萨迪纳的米哈勒斯墨西哥餐厅)。这些人包括鲍勃·莱顿、吉利·诺伊格鲍尔、汤米·劳里森,还有其他几个人。当我们在这些午餐会上聚集在一起时,我们讨论教学工作:怎样做有效,怎样做效果不好,我们怎样可以做得更好。有这么多的相互支持,你一定会成为一个更好的教师,因为你能得到这么多的帮助——还有星期五下午在劳里森家里,我们许多人都喜欢在周末聚在那里喝点儿马丁尼酒放松身心。我们多半是讨论学生和教学。在有些时候我们也讨论研究工作,因为我们各自有不同的研究领域,我们对别的一些人做的工作有多大的兴趣见解不同——当然我们每个人都认为自己的研究是最吸引人的——但是当谈到教学,我们每个人都有相同的兴趣,我们可以从别人那里学习。没有人强迫我们这样做,在 20 世纪 60 年代初期的加州理工学院的气氛中,这些只是自发的。

　　这就是我所知道费曼课程是如何进行的——在劳里森家里醉酒之后。他们讨论怎样把事情做得更好,马修·桑兹提出了他们应当请费曼来参加的想法。

　　通过这样的聚会我体会到大学怎样会成为非常有教益并且温馨的地方——由于有这些学生,他们形成了教师之间的纽带。我们聚在一起是为了学生,不是为我们的科研。当然,我们个人之间也常见面——汤米常来我的实验室,他说"告诉我你正在做什么",并提出很好的建议,但这通常是一对一的。有关学生工作是学校的任务。我讲课的时候总有三四位教授坐在后排,在东桥楼 201 大教室——并不是因为他们不信任我或者监视我,而是因为他们觉得好奇,我是怎样上课的以及他们可以从我的课中学些什么。甚至系主任卡尔·安德森每隔一堂课都要来听,我也从每一位得到反馈。这也是费曼的精神:你知道,费曼讲课的时候后排坐满了教授。他们都是如此着迷,于是他们形成了一个习惯,甚至于来旁听普通的人的讲课——比如像我这样的小人物——因为这已经成为一种模式。这很重要,我觉得遗憾的是:今天我再也看不到这种精神了。

最后一件事：在那些日子里，我对我的课程负责。我布置所有的课外作业，我组织所有的测验，组织所有的期终考试——我亲自做——没有别人帮我做这些事。我用不着去问别的人，因为我想我最清楚要问些什么！除此以外，我教一个优秀生小班；还有，我管理一年级实验室——在那些日子这是正常的教学工作量。今天，我想只有这四分之一。今天大多数教授每年上两个四分之一学年的一个班级课程。现在，我要讲句公道话：今天我承认再也不可能像我们当时所做的那样了，因为今天教授们不得不花很多的时间为他们的科研筹钱以保证他们的研究工作——但这又是另外的一回事了。

1 预修课

复习课 A

1–1 复习课导言

这三讲选修课都比较乏味：把以前讲过的内容再复习一遍，一点也没有增添新材料。因此我很惊讶地看到这里有这么多的人。坦白地说，我宁可希望你们只有几个人，这几次讲课并不是必需的。

在这个时间放松一下的目的是为了给你们时间考虑一些问题，复习一下你们在课堂上听过的内容。学习物理学最有效的方法是什么：毫无疑问，到课堂里来听复习课不是一个好想法，更好的方法是你自己做复习总结。所以我建议你们——如果你不是远远跟不上，或完全不懂和糊涂——你们要忘掉这几次讲课，自己进行复习，试着找出什么是有兴趣的东西，而不必辛辛苦苦地按某一条特定的路线死记硬背。你想学得更好，更轻松并且更完满，就要你自己选择一个你认为有兴趣的问题深入探讨——选择某个你听到过而你还不懂的问题，或者你打算进一步分析的，或者用它来玩些什么花招的问题——这是学习某样东西的最好方法。

一直到现在，我们正在讲的课是一门新型的课程，我们设计这门课程是想回答我们认为存在的问题：就是没有人知道怎样教物理，或者怎样教书育人——这是一个事实，如果你们不喜欢所用的教学方法，那是完全自然的。不可能教得人人都满意：几百年或更多的时间里，人们一直在设法解决如何教的问题，可是还没有人已经解决了这个问题。所以，如果这一新型课程不能令人满意，这并不奇怪。

在加州理工学院，我们总是在改变课程，希望有所改进。这一学年我们再次改革物理课。过去令人不满意的地方之一是，最好的一些学生觉得全部力学的内容都很枯燥：他们发现他们自己学得很辛苦，做习题，复习功课，应付考试，没有时间思考一些问题；里面没有令人兴奋的东西；没有讲到它们和近代物理学的关系或任何类似的东西。所以这一系列的讲课被构想出来，认为这在一定程度上是比较好的方法，可以帮助这些优秀的学生，并使主题更有趣，如果可能的话和宇宙的其余部分联系起来。

另一方面，这种做法有不利的一面。这会使许多人感到困惑，因为他们搞不清楚要他们学些什么——也可以说内容实在太多，他们不可能全都搞懂，他们没有足够的智慧去判断对他们来说什么是有兴趣的，而且只把注意力放在这些感兴趣的问题上。

因此我给我自己定下这次讲课的对象是：他们听大课感到非常难懂，非常厌烦，非常恼火，从某种意义上说他们搞不清要学些什么，他们感到迷茫。并不感到迷茫的另一些人就不该坐在此地，所以，现在我给你们出去的机会……①

我看没有人有勇气。或者，我猜想我完全失败了，就是说我使每一个人都感到迷茫！（也可能你们坐在这里只是为了好玩。）

1-2　加州理工学院最差的学生

现在，我设想你们中的一个人来到我的办公室说："费曼，我听了所有的课，我参加了期中考试，我还试着去做习题，可是我一点也不会做，我想我是班上最差的学生，我不知道该怎么办。"

我要对你说什么呢？

我要指出的第一件事是：进入加州理工学院在某种意义上具有优势，但从另一个角度来看是不利条件。某些优势你们原来大概已经知道，但是现在忘记了。这些优势包括这样一些事实，就是学校有极好的声誉，并且这样的声誉是应得的。这里有相当好的课程。（我不知道关于我们这一门课程如何，当然我对它有自己的看法。）从加州理工学院毕业的人，当他们进入工业领域，或去做研究工作，等等，都说他们在这里受到了非常好的教育，当他们把自己和曾经进其他学校的人相比较（虽然其他学校也非常好），他们从未发现他们落在后面并缺少了某些东西；他们总觉得他们进了所有学校中最好的学校。这就是优势的方面。

---

① 没有人出去。

但是也有某种不利因素：因为加州理工学院有如此好的名声，几乎所有在高中班级里第一、第二名学生都要申请来这里。有许许多多高中，所有最优秀的男生①都来申请。现在我们试图制定一个选择系统，有各种测验，因此我们招收到最优秀中最优秀的学生。所以你们这些小伙子都是从所有这些来报名的学生中仔细挑选出来的。然而我们仍旧需要不断工作，因为我们发现非常严重的问题：无论我们多么严格地选择这些学生，无论我们多么耐心地进行分析，当他们进校以后会发生一些情况——结果总是有差不多一半的学生在平均水平以下！

当然，你们会对这个结论嗤之以鼻，因为对于有理性的头脑来说这是不证自明的，但对于重感情的心灵来说就不是这样——重感情的心灵不会嗤之以鼻。你在高中的科学课上一直都是第一名或第二名（或者即使只是第三名）。你知道在你原来中学里的科学课在平均水平以下的每一个人都是十足的傻瓜，现在你突然发现你自己在平均水平以下——你们这些小伙子的一半都是——低得可怕，因为你们想象这意味着比较起来你们笨到像以前高中里的那些家伙那样。这就是加州理工学院巨大的不利因素：心理上的打击很难承受。当然，我不是心理学家；我想象所有这些，其实我并不知道是否真的是这样！

问题在于，如果你发现你是低于平均水平该怎么办，有两种可能性。首先，你可能发现你必须设法摆脱这种困境，从而感到如此的困难和烦恼——这是感情上的问题。你可以运用你的理性思维对待这个问题，并对你自己指明我刚才给你指出的问题：在这里的一半学生都低于平均水平，即使他们原来都是拔尖的学生，所以这并不意味任何了不起的事情。你看，如果你对这种无意义的蠢话和不舒服的感觉忍耐四年，然后你走出学校再进入世界，你会发现世界仍旧像以前那样——例如，当你在某个地方找到了工作，你会发现你又是第一号人物。你得到做专家的巨大满足，在这个特定的工厂里，当他们不能计算怎样将英寸换算成厘米时都来向你求教！这是真的：到工厂去的人，或者到一所在物理学方面没有极好声誉的小学校，即使他们曾经在班上是倒数第三名，倒数第五名或倒数第十名——如果他们不努力鞭策自己（过一会我将要说明），他们就会发现他们自己是大大地被看重的，他们在这里学到的东西非常有用，他们回到了他们以前

---

① 在 1961 年，加州理工学院只招收男生。

的状态：快活，第一号人物。

另一方面，你可能犯一个错误，有些人可能鞭策自己力争这样的地位，就是他们坚持一定要成为第一号人物，不管其他各种条件，他们要进研究生院，他们要成为最好的学校里的最好的博士，即使他们开始时是这个班上最差的学生。不过，他们很可能失望。并且在他们今后的生命中总是在第一流的人群中最低的地位，因为他选择了这一群体，这使他们自己感到痛苦。这是一个问题，这轮到你了——这取决于你的个性。（要记住，我是对来我办公室的小伙子讲话，因为他是在最差的十名中；我不是对另外的那些很得意的人讲的，因为他们正好在前十名中——无论如何这是少数！）

就这样，如果你能承受这个心理上的打击——假如你可以对自己说，"我在班上属于最差的三分之一当中，不过班上有三分之一的家伙在这最差的三分之一中，因为事实就是这样！在高中的时候我是顶尖的学生并且我仍旧是一个聪明的家伙。我们国家需要科学家，我要做一个科学家，当我从这所学校毕业以后，我会一切顺利，见鬼去吧！我会成为一名优秀的科学家！"——然后这将成为事实：你会成为一名优秀的科学家。唯一的问题是，你在这四年中能不能不顾理性的论据保持愉快的心情。如果你发现你不能保持愉快的心情，我建议最好的出路是试试到另外一个地方去。这不是失败；这只是感情上的问题。

即使你是班级里最后两名学生之一，这并不表示你一点也不行。你只是一定要把你自己放在适当的一群人中比较，而不是和在这里加州理工学院聚集的一群疯子相比。因此，我特意对那些失望的人作这样的评论，他们还有机会留在这里更长一些的时间，看看他们是否能适应，好吗？

我还要讲一个问题：这不是为考试做准备，或者像这一类的事情。我对考试毫不知情——我的意思是说，我根本不管出考题的事，我也不知道会出怎样的考题，所以我一点也不能保证考试会出什么题目，我只是打算对讲课的内容作一些复习，或者说些类似的废话。

1-3 物理学需要的数学

就这样，这个小伙子来到我的办公室，要求我把我以前教他的每样东西都整理一下，这就是我要尽力去做的。问题是试着解释教过的内容。我现在就开始复习。

我要告诉这个小伙子，"你必须学习的第一件事是数学。其中首先包括微积分。微积分中首先是微分。"

数学是一门美丽的学科,它包含多种多样复杂的内容,我们试图列出为物理的目的必须学习的最少的数学。这里采取的态度对数学是"轻蔑的",只是纯粹的工具;我不打算取消数学。

我们必须做的是学会微分,就像知道 3 加 5 等于几,5 乘 7 是多少一样。因为这类运算经常会遇到,最好不要被它弄得惊慌失措。当你写下某些东西时,你应当能立即求出它的微分,甚至连想都不要想,并且还不能有任何错误。你将会发现你经常要做这种运算——不只是在物理学中,而是在所有科学中。因此微分就像你在学习代数以前必须学会算术一样。

附带说说,对代数也是同样:有许多种类的代数。我们假定你在睡梦中还会做代数,倒背如流,并且还不出错。我们知道这不是真的,所以你们应当做代数练习:你自己写出许多表达式,用它做练习,并且不要做错。

代数、微分和积分的错误结果只是些没有意义的东西。这些只会把物理搞混,当你试图用这错误结果来分析某种东西时会搞乱你的思想。你们应当尽可能快地进行计算并且错误率最小。除了老老实实多做练习以外没有别的办法——这是学数学的唯一办法。就好像你在小学里学乘法表:老师把一连串的数字写在黑板上,你们要做"这个乘那个,那个乘这个"如此等等——砰!砰!砰!

1－4　微分学

同样的道理,你们必须学习微分学。拿一张卡片,在卡片上写下若干下列一般类型的表达式,例如:

$$1 + 6t$$
$$4t^2 + 2t^3$$
$$(1 + 2t)^3$$
$$\sqrt{1 + 5t}$$
$$(t + 7t^2)^{1/2}, \tag{1.1}$$

等等。譬如说,写出十几个这样的表达式。然后从你的口袋里随便拿出一张卡片,把你的手指指着上面的式子,并说出它的微分。

换句话说,你应当立刻看出:

$$\frac{\mathrm{d}}{\mathrm{d}t}(1+6t) = 6。砰!$$

$$\frac{\mathrm{d}}{\mathrm{d}t}(4t^2 + 2t^3) = 8t + 6t^2。砰!$$

$$\frac{\mathrm{d}}{\mathrm{d}t}(1+2t)^3 = 6(1+2t)^2。砰! \tag{1.2}$$

看到没有?要做的第一件事情是牢记怎样求微分——一点儿不出差错。这是必须做的练习。

现在,要求更复杂的表达式的微分。求和的微分很容易:简单地就是各个分立的被加数的微分之和。在我们这一阶段的物理学课程中,不需要知道怎样求比上面所列出的更复杂的表达式或者它们的和的微分。按照我们复习的精神,我不再给你们讲更多的了。但有一个求复杂表达式微分的公式,它通常与微积分课上所写的形式和我要写给你们的不同,但你们会发现这种形式特别有用。你们以后不会学到,因为没有人会把它告诉你们,但知道怎样做是有益的。

假设我要微分下面的式子:

$$\frac{6(1+2t^2)(t^3-t)^2}{\sqrt{t+5t^2}(4t)^{3/2}} + \frac{\sqrt{1+2t}}{t+\sqrt{1+t^2}}. \tag{1.3}$$

现在,问题是怎样迅速地去求微分。这里告诉你怎样迅速地去做。(这些只是规则,我已经把数学运算减少到这样的水平,因为我们是和勉强跟得上的学生一同学习。)你们看!

重写表达式,并在每一个被加项后面放一个括弧:

$$\frac{6(1+2t^2)(t^3-t)^2}{\sqrt{t+5t^2}(4t)^{3/2}} \cdot \Bigg[$$

$$+ \frac{\sqrt{1+2t}}{t+\sqrt{1+t^2}} \cdot \Bigg[\quad . \tag{1.4}$$

下一步,你要在括弧里写一些东西,到你全部完成时,你就得到原来的表达式的微分。(这是你为了不要忘记它,所以要再次写下表达式的原因。)

现在,你注意每一项,并写下一横——除法符号——写下分母:第一项是 $1+2t^2$;把这放在分母上。这一项的幂放在前面(这里是 1 次幂),这一项的微分(按照我们练习中的方式)是 $4t$,作为分子。这是一项:

$$\frac{6(1+2t^2)(t^3-t)^2}{\sqrt{t+5t^2}\,(4t)^{3/2}} \cdot \left[\ 1\ \frac{4t}{1+2t^2}\right.$$
$$+\ \frac{\sqrt{1+2t}}{t+\sqrt{1+t^2}} \cdot \left[\qquad . \right. \tag{1.5}$$

(6 在哪里呢? 忘掉它! 在前面的任何数都不会有任何区别:如果你一定要,你可以写下,"6 放在分母上;它的幂,1,放在前面;它的微分,0,放在分子上。")

下一项:t^3-t 放在分母上;它的幂 $+2$,放在前面;它的微分,$3t^2-1$,放在分子上。下一项,$t+5t^2$,放在分母上;它的幂 $-1/2$(平方根倒数是负的二分之一幂),放在前面;其微分,$1+10t$,放在分子上。再下一项,$4t$,放在分母上;它的幂,$-3/2$,放在前面;它的微分,4,就是分子。括弧。这是一个被加数:

$$\frac{6(1+2t^2)(t^3-t)^2}{\sqrt{t+5t^2}\,(4t)^{3/2}} \cdot \left[\ 1\ \frac{4t}{1+2t^2} + 2\ \frac{3t^2-1}{t^3-t} - \frac{1}{2}\ \frac{1+10t}{t+5t^2} - \frac{3}{2}\ \frac{4}{4t}\right]$$
$$+\ \frac{\sqrt{1+2t}}{t+\sqrt{1+t^2}} \cdot \left[\qquad . \right. \tag{1.6}$$

下一个被加数,第一项:幂是 $+1/2$。我们写下它的幂的那一项是 $1+2t$;其微分是 2。下一项 $t+\sqrt{1+t^2}$ 的幂是 -1。(你看,这是个倒数。)这一项在分母上,它的微分(这是唯一的一个比较难的)有两个部分,因为它是两项之和:$1+\frac{1}{2}\ \frac{2t}{\sqrt{1+t^2}}$。括弧。

$$\frac{6(1+2t^2)(t^3-t)^2}{\sqrt{t+5t^2}\,(4t)^{3/2}} \cdot \left[\ 1\ \frac{4t}{1+2t^2} + 2\ \frac{3t^2-1}{t^3-t} - \frac{1}{2}\ \frac{1+10t}{t+5t^2} - \frac{3}{2}\ \frac{4}{4t}\right]$$
$$+\ \frac{\sqrt{1+2t}}{t+\sqrt{1+t^2}} \cdot \left[\ \frac{1}{2}\ \frac{2}{(1+2t)} - 1\ \frac{1+\frac{1}{2}\ \frac{2t}{\sqrt{1+t^2}}}{t+\sqrt{1+t^2}}\right]. \tag{1.7}$$

这就是原来的表达式的微分。所以,你看到,记住这种技巧你可以求任何函数的微分——除了正弦、余弦、对数以及其他,但你能很容易地学会这些规则;这些容易得很。然后你就可以把这种技巧用于包含正切和其他的各种表达式。

我注意到,当我写下这些的时候你们都担心,那是这样复杂的表达式,但是我想你们现在明白了这确实是求微分的有效方法,因为它给出了答案——嘭——无论多么复杂一点也不拖泥带水。

这里的概念是,函数 $f = k \cdot u^a \cdot v^b \cdot w^c \cdots$ 对于 t 的微分是:

$$\frac{\mathrm{d}f}{\mathrm{d}t} = f \cdot \left[a \, \frac{\mathrm{d}u/\mathrm{d}t}{u} + b \, \frac{\mathrm{d}v/\mathrm{d}t}{v} + c \, \frac{\mathrm{d}w/\mathrm{d}t}{w} \cdots \right]. \tag{1.8}$$

(其中 k 和 a、b、$c\cdots$是常数。)

然而,在这物理课上,我觉得并不是所有的问题都像这样复杂,所以有可能我们没有任何机会来运用这种方法。无论如何,这就是我求微分的方法,我现在对它已经非常熟练了。我就讲到这里。

1-5　积分

微分的反过程是积分。你们应当同样好地学会尽可能快地求积分。积分并不像微分那样容易,但是在你的头脑中应当能够做简单表达式的积分。并不要求能够做每一种表达式的积分;例如,$(1+7t^2)^{1/3}$ 是不可能用简单的方式来积分的,但另一些写在下面的式子是容易积分的。所以当你们选择表达式来练习求积分时,一定要留心它们是容易做的:

$$\int (1+6t)\,\mathrm{d}t = t + 3t^2,$$

$$\int (4t^2 + 2t^3)\,\mathrm{d}t = \frac{4t^3}{3} + \frac{t^4}{2},$$

$$\int (1+2t)^3\,\mathrm{d}t = \frac{(1+2t)^4}{8},$$

$$\int \sqrt{1+5t}\ \mathrm{d}t = \frac{2(1+5t)^{3/2}}{15},$$

$$\int (t + 7t^2)^{1/2}\,\mathrm{d}t = ???. \tag{1.9}$$

关于微积分,我没有更多的东西要给你们讲了。其余的该由你们自己来做了:你们必须练习微分和积分——当然,不要碰到代数就害怕,就像在(1.7)式中。要用这种单调乏味的方法练习代数和微积分——这是首要的事情。

1-6　矢量

我们要专门讨论的、作为纯粹数学学科的另一个数学分支是矢量。你们首先必须知道什么是矢量,如果你们对它还没有建立一点概念,我就不知该怎么办了:我们不得不来来回回地讲解一会儿,以使我能了解你们的困难之所在——否则我就无法做解释。一个矢量,譬如像推力,具有一定的方向,或者像速度具有确定的方向,或者运动也有一定的方向——在一张纸上用沿着这个东西的具有方向的箭号来表示它。例如我们用箭号来表示作用于某一物体上的力,箭号指向力的方向,箭号的长度是以某规定尺度的力的大小量度——不过所用尺度必须对这同一题目中的所有力始终相同。如果你施加另一个两倍强度的力,你就用两倍长的箭号来表示该力(见图1-1)。

现在,用这些矢量可以进行运算了。就是说,假设有两个力同时作用在一个物体上——譬如说,两个人一同推动一个物体——这样,两个力可以用两个箭号 F 和 F' 表示。我们在画类似于这样的图解的时候,将箭号的尾部放在力作用的地方常常是最方便的,虽然一般地说矢量的位置没有什么意义(见图1-2)。

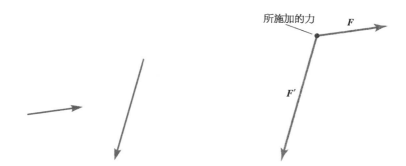

所施加的力　F

F'

图1-1　用箭头表示两个矢量　　　图1-2　作用在同一点的两个力的示意图

如果我们要知道合力,或力的总和,就相当于把矢量加起来,我们可以通过把一个矢量的尾部移动到另一个矢量的头部作图。(在你移动它们以后,它们仍旧是同样的一些矢量,因为它们的方向和长度都保持原样。)$F+F'$ 是从 F

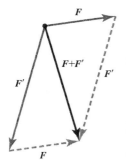

图 1-3　用"平行四边形方法"求矢量和

的尾部到 $\boldsymbol{F}'$ 的头部的直线（或从 $\boldsymbol{F}'$ 的尾部到 $\boldsymbol{F}$ 的头部），如图 1-3 所示。这种求矢量和的方法有时叫做"平行四边形法则"。

另一方面，假设有两个力作用在一个物体上，但我们只知道其中的一个是 $\boldsymbol{F}'$；另一个我们不知道的力我们称作 $\boldsymbol{X}$。如果作用在物体上的合力 $\boldsymbol{F}$ 是已知的，我们有 $\boldsymbol{F}'+\boldsymbol{X}=\boldsymbol{F}$。从而 $\boldsymbol{X}=\boldsymbol{F}-\boldsymbol{F}'$。要求出 $\boldsymbol{X}$ 你们就必须求两个矢量的差，你们可以用两种方法中随便哪一种来求：可以取 $-\boldsymbol{F}'$，它是和 $\boldsymbol{F}'$ 方向相反的矢量，将它和 $\boldsymbol{F}$ 相加（见图 1-4）。

另一种方法，$\boldsymbol{F}-\boldsymbol{F}'$ 简单地就是从 $\boldsymbol{F}'$ 的头部到 $\boldsymbol{F}$ 的头部画的矢量。

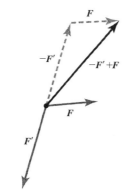

图 1-4　矢量差的第一种方法

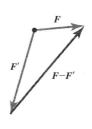

图 1-5　矢量差的第二种方法

好了，第二种方法的缺点是，你们可能倾向于画图 1-5 中的箭号，虽然方向和长度都正确，施力点不是在箭号的尾部——千万要注意。你对这种方法不太有把握，或者有些疑问，还是用第一种方法（见图 1-6）。

我们也可以把矢量投影到一定的方向。例如，我们如果要知道在"x"方向的力（称为力在这个方向的分量），这很容易：我们只要将 $\boldsymbol{F}$ 垂直投影到 x 轴上，这就是力在这个方向上的分量，把它称作 F_x。数学上 F_x 是 $\boldsymbol{F}$ 的数值（我们写成 $|\boldsymbol{F}|$）乘以 $\boldsymbol{F}$ 和 x 轴之间夹角的余弦；这来自直角三角形的性质（见图 1-7）：

$$F_x = |\boldsymbol{F}|\cos\theta. \tag{1.10}$$

其次，如 $\boldsymbol{A}$ 和 $\boldsymbol{B}$ 相加得 $\boldsymbol{C}$，那么将它们到给定的"x"方向的垂直投影显然也

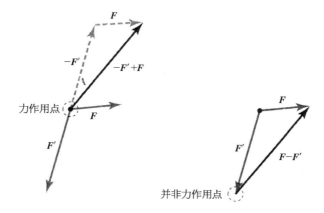

图 1-6 作用在同一点上二力之差

相加。所以,矢量和的分量就是矢量分量的和,这对任何方向都是正确的(见图 1-8)。

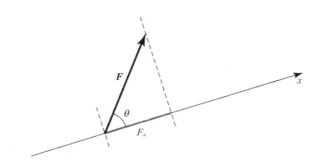

图 1-7 矢量 **F** 在 *x* 方向的分量

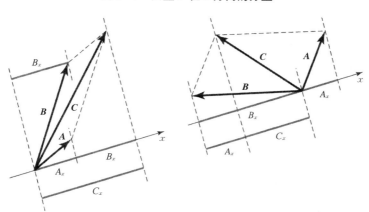

图 1-8 矢量和的分量等于相应的矢量分量的和

$$A + B = C \Rightarrow A_x + B_x = C_x. \tag{1.11}$$

特别方便的是用它们在相互垂直的轴 x 和 y 上的分量来表示矢量（以及 z 轴——世界是三维的；我一直把这点忽略，因为我总是在黑板上作图！）。假设有一个矢量 F 在 x-y 平面上，并且我们知道它在 x 方向的分量，这还不能完全定义 F，因为在 x-y 平面上有许多矢量在 x 方向都有同样的分量。但如果我们还知道 F 在 y 方向的分量，那么 F 就完全确定了（见图 1-9）。

F 沿 x，y 和 z 的分量可以写成 F_x，F_y 和 F_z；矢量的求和等价于将它们的分量求和，如另一矢量 F' 的分量为 F'_x，F'_y 和 F'_z，那么 $F + F'$ 具有分量 $F_x + F'_x$，$F_y + F'_y$ 以及 $F_z + F'_z$。

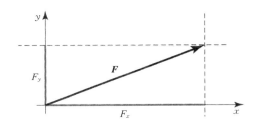

图 1-9 在 x-y 平面上的矢量由两个分量完全确定

上面是较简单的部分，现在要稍微难一些了。有一个两个矢量相乘得到一个标量的方法——标量是一个在任何坐标系中都相等的一个量。（事实上，有一个从一个矢量得到标量的方法，我以后将会回到这个主题上来。）你看，如果坐标轴改变了，分量也随着改变——但矢量之间的夹角和它们的大小保持不变。设 A 和 B 是两个矢量，它们的夹角是 θ。我取 A 的数值乘以 B 的数值再乘以 θ 的余弦，把这个数写成 $A \cdot B$（"A 点乘 B"）（见图 1-10）。这个数称为"点积"或"标积"，它在所有坐标系中都是相等的：

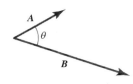

图 1-10 矢量的点积 $|A||B|\cos\theta$ 在所有坐标系中都相等

$$A \cdot B = |A||B|\cos\theta. \tag{1.12}$$

显而易见，因为 $|A|\cos\theta$ 是 A 在 B 上的投影，$A \cdot B$ 等于 A 在 B 上的投影乘以 B 的数值。同理，$|B|\cos\theta$ 是 B 在 A 上的投影，$A \cdot B$ 也就等于 B 在 A 上的投影乘以 A 的数值。然而，我发现，$A \cdot B = |A||B|\cos\theta$ 是最容易记住点积是什

么的方法;这样我总是能立即知道其他的关系。当然,真正的麻烦在于,你有这么多的方法来表示同一事物,但你用不着试图把它们全都记在心里——这一点我随后将说得更完全些。

我们也可以用 **A** 和 **B** 在任意一组坐标轴上的分量来定义 **A · B**。如果我们取三个相互垂直的坐标轴,x,y,z,它们的方向任意。于是 **A · B** 就是:

$$\boldsymbol{A} \cdot \boldsymbol{B} = A_x B_x + A_y B_y + A_z B_z. \tag{1.13}$$

怎样从 $|\boldsymbol{A}||\boldsymbol{B}|\cos\theta$ 变为 $A_x B_x + A_y B_y + A_z B_z$,这并不是一眼就可以看出来的。虽然,当我想要做的时候我可以证明它[①],这要花很多时间,所以我要记住这两个公式。

当我求一个矢量和它自己的点积的时候,θ 为 0,0 的余弦为 1,所以 $\boldsymbol{A} \cdot \boldsymbol{B} = |\boldsymbol{A}||\boldsymbol{A}|\cos 0 = |\boldsymbol{A}|^2$,用分量来表示,就是 $|\boldsymbol{A}||\boldsymbol{A}| = A_x^2 + A_y^2 + A_z^2$。这个数字的正的平方根是矢量大小的数值。

1-7 求矢量的微分

现在我们可以来求所谓的矢量的微分了。当然,除非矢量依赖于时间,否则矢量对时间的微分就没有意义了。这意味着我们一定要想象某个矢量在不同的时刻是不同的:随着时间的推移,矢量不断变化,我们要求变化率。

例如,矢量 $\boldsymbol{A}(t)$ 可以是正在飞行的物体在时刻 t 的位置。在下一个时刻 t',物体从 $\boldsymbol{A}(t)$ 运动到 $\boldsymbol{A}(t')$;我们要求 $\boldsymbol{A}$ 在 t 时刻的变化率。

计算的法则如下:在时间间隔 $\Delta t = t' - t$ 内,物体从 $\boldsymbol{A}(t)$ 运动到 $\boldsymbol{A}(t')$,其位移为 $\Delta \boldsymbol{A} = \boldsymbol{A}(t') - \boldsymbol{A}(t)$,这是从原来的位置到新的位置的矢量差(参见图 1-11)。

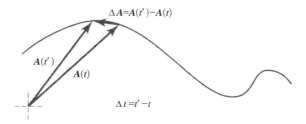

图 1-11 位置矢量 **A** 和它在时间间隔 Δt 中的位移 $\Delta \boldsymbol{A}$

---

① 参见《费曼物理学讲义》第 1 卷 11-7 节。

　　显然,时间间隔 Δt 越短,则 $A(t')$ 越靠近 $A(t)$。如果 ΔA 除以 Δt,并且取二者都趋近于零的极限——这就是微商。在这种情况下,A 是位置,它对时间的微商是速度矢量;速度矢量是在曲线的切线方向,这就是位移变化的方向;你无法从图上看出它的大小,因为它决定于物体沿曲线运动有多快。速度矢量的大小称为速率:它告诉你物体在单位时间内运动到多远的距离。下面是速度矢量的定义:它和路径相切,它的数值等于沿路径运动的速率(见图 1 - 12)。

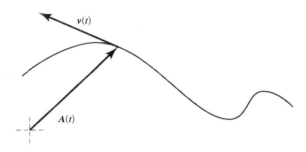

图 1 - 12　位置矢量 A 和它在 t 时刻的微商 v

$$v(t) = \frac{\mathrm{d}A}{\mathrm{d}t} = \lim_{\Delta t \to 0} \frac{\Delta A}{\Delta t}. \tag{1.14}$$

　　附带说说,在同一张图上既要画出位置矢量,又要画出速度矢量是危险的,除非你非常小心——因为我们理解这些稍微有点麻烦。我指出所有我想象得到的可能犯的错误,因为说不定你们接着要做的事情是为某种目的将 A 加到 v 上。这是不合理的,因为要真正画出速度矢量,你必须知道时间的标度:速度矢量与位置矢量用的是不同的标度;事实上,它们有不同的单位。一般说来,你不能把位置和速度相加——在这里你们不能把它们加起来。

　　对我来说,为了真实地画出任何矢量的图,必须确定所用的标度。当我们讲到力的时候,我们说多少牛顿可以用 1 英寸(或 1 米,或不管什么都可以)来表示。在此地,我们必须说明多少米每秒用 1 英寸来表示。其他某个人可能用我们用的同样的长度来画位置矢量的图,而速度矢量的长度相当于我们用的三分之一——他只是把不同的标度用于他的速度矢量。并不存在唯一的方法来画矢量的长度,因为标度的选择是任意的。

　　现在,用 x, y 和 z 的分量来表示速度是很方便的,因为,举例来说,位置的 x 分量的改变率等于速度的 x 分量,依此类推。这仅仅是因为微商实际上就是

差,从而矢量差的分量就等于相应的分量之差。我们有:

$$\left(\frac{\Delta \boldsymbol{A}}{\Delta t}\right)_x = \frac{\Delta A_x}{\Delta t}, \quad \left(\frac{\Delta \boldsymbol{A}}{\Delta t}\right)_y = \frac{\Delta A_y}{\Delta t}, \quad \left(\frac{\Delta \boldsymbol{A}}{\Delta t}\right)_z = \frac{\Delta A_z}{\Delta t}, \quad (1.15)$$

取极限后就得到微商的分量:

$$v_x = \frac{\mathrm{d}A_x}{\mathrm{d}t}, \ v_y = \frac{\mathrm{d}A_y}{\mathrm{d}t}, \ v_z = \frac{\mathrm{d}A_z}{\mathrm{d}t}. \quad (1.16)$$

这在任何方向都是正确的:如果我取 $\boldsymbol{A}(t)$ 在任意一个方向上的分量,那么在这个方向上的速度矢量的分量就是 $\boldsymbol{A}(t)$ 在这个方向的分量的微商,附带一个严正的警告:该方向必须不随时间改变。你不能说,"我要取 $\boldsymbol{A}$ 在 $\boldsymbol{v}$ 方向上的分量",或者类似于这样的事情,因为 $\boldsymbol{v}$ 是在运动中。这只当你对它取分量的方向本身是固定不动的条件下,位置分量的微商才等于速度分量。所以,(1.15)和(1.16)两式只对 x,y,z 和其他固定轴是正确的;如果轴在转动,同时要求微商,那么公式就要复杂得多。

这些就是求矢量微商的一些困难和题外之话。

当然,你还可以对矢量的微商求微分,然后对它再求微分,依此类推。我们称 $\boldsymbol{A}$ 的微商为"速度",但这只是因为 $\boldsymbol{A}$ 是位置;如果 $\boldsymbol{A}$ 是别的什么东西,它的微商就不是速度而是别的某种东西。例如,$\boldsymbol{A}$ 是动量,动量的时间微商等于力,所以 $\boldsymbol{A}$ 的微商可以是力。如果 $\boldsymbol{A}$ 是速度,速度的时间微商是加速度,等等。我在这里给你们讲的关于矢量微商是普遍正确的,但此地只给出位置和速度的例子。

1-8 线积分

最后,关于矢量,我还只有一件事是一定要谈的,并且这是一件讨厌而又复杂的事情,称为"线积分":

$$\int \boldsymbol{F} \cdot \mathrm{d}\boldsymbol{S}. \quad (1.17)$$

我们要拿来作为例子的是,你有某个矢量场 $\boldsymbol{F}$,在其中你要沿着曲线 S 从 a 点积分到 z 点。现在,为了使这个线积分具有某种意义,必须以某种方式沿曲线 S 上 a 和 z 之间的每一点定义 $\boldsymbol{F}$ 的值。如果 $\boldsymbol{F}$ 定义为作用于在 a 点的物体上的力,如果你不能告诉我当你沿 S 运动时,至少在 a 和 z 之间,力如何变化,"**F** 从 a 到 z 沿 S 的积分"就没有意义。(我说"至少",因为 **F** 可能也在别的任何地 方定义,但至少你必须在你沿着它求积分的曲线部分定义。)

我马上就要定义任意矢量场中沿任意曲线的线积分,但首先我们来考虑一 下 **F** 是常数的情形,并且 S 是 a 到 z 的直线路径——位移矢量,我把它称为 **S** (见图 1 - 13)。因为 **F** 是常数,我们把它拿到积分号外面(就像普通的积分一 样),从 a 到 z 的 d**S** 积分正好等于 **S**,所以答案是 **F** · **S**。这就是一个不变力和直 线路径的线积分——容易的情况:

$$\int_a^z \boldsymbol{F} \cdot \mathrm{d}\boldsymbol{S} = \boldsymbol{F} \cdot \int_a^z \mathrm{d}\boldsymbol{S} = \boldsymbol{F} \cdot \boldsymbol{S}. \tag{1.18}$$

(记住,**F** · **S** 是力在位移方向的分量乘以位移的大小;换句话说,简单地是 沿着直线移动的距离乘以力在这个方向上的分量。也还有许多其他的方式看待 它:它是位移在力的方向上的分量乘以力的大小;它是力的数值乘以位移的数 值再乘以它们之间角度的余弦。这些都是相同的。)

图 1 - 13　定义在直线路径 a - z 上的不变力 F

更一般地说,线积分定义如下:首先,我们分解积分,把 a 和 z 之间的 S 分 为 N 个相等的线段 ΔS_1,ΔS_2,…,ΔS_N。于是沿 S 积分成为沿 ΔS_1 积分加上 沿 ΔS_2 积分加上沿 ΔS_3 积分,等等。我们取的 N 很大,所以我们可以将每一个 ΔS_i 近似为一个小的位移矢量 $\Delta \boldsymbol{S}_i$,在这一段上 **F** 近似于常数 $\boldsymbol{F}_i$(见图 1 - 14)。 然后用"不变力直线路径"法则,线段 ΔS_i 上近似地贡献 $\boldsymbol{F}_i \cdot \Delta \boldsymbol{S}_i$ 于积分。所以,你 把 i 等于 1 到 N 的 $\boldsymbol{F}_i \cdot \Delta \boldsymbol{S}_i$ 加在一起,这就是积分的很好的近似值。只当我们 N 趋向于无限大,积分才准确地等于这个和数:你尽可能地把小段分得短一些;你 把它们取得比这稍微更短一些,你得到正确的积分:

$$\int_a^z \boldsymbol{F} \cdot \mathrm{d}\boldsymbol{S} = \lim_{N \to \infty} \sum_{i=1}^N \boldsymbol{F}_i \cdot \Delta \boldsymbol{S}_i. \tag{1.19}$$

(当然,这积分依赖于曲线——一般情况下——虽然有时它不是物理学。)

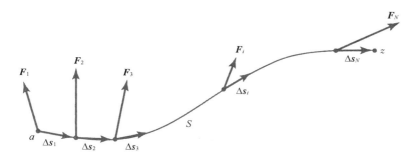

图 1-14　定义在曲线 S 上的变化的力 F

好了,你们要学物理必须懂的数学——至少是现在——都在这里了。这些东西,最主要是微积分和初等矢量理论应当成为第二天性。某些东西——像线积分——现在还不是第二天性,但是当用它们更多以后终于会成为第二天性。他们还不是这样重要,并且比较难。你现在"必须牢记在你的头脑里的"是微积分以及一些关于求不同方向上的矢量分量的方法。

1-9　一个简单的例子

我给你们讲一个例题——只是非常简单的一个例题——来说明怎样求矢量的分量。假设我们有一台机器,如图 1-15 所示:它是由用一个枢轴连结的两根杆子(像肘关节)组成,上面有一个大的重物。其中一根杆子的一端用一个固定的枢轴固定在地板上。另一根杆子的一端有一个滚轴,可以沿地板上的狭槽滚动——这是一台机器的一部分。你看它彳亍、彳亍地开动——滚子前后运动,重物忽上忽下,就这样运动。

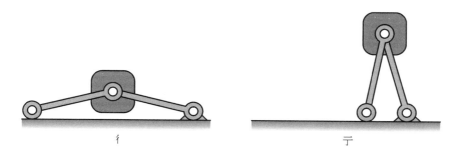

图 1-15　简单的机器

我们设重物质量为 2 千克,杆子长 0.5 米,在某个时刻机器静止不动,重物到地板的距离恰好是 0.4 米——这样我们就有一个 3 - 4 - 5 三角形,这使计算变得更容易(见图 1 - 16)。(计算并不是最重要的,真正的困难在于得到正确的概念。)

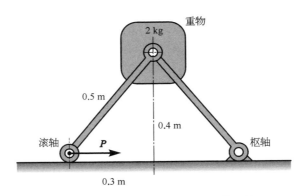

图 1 - 16   需要多大的力 P 以维持重物

问题是求为了托住重物你必须作用在滚轴上的水平力 P。现在我作一个为解这个题所需要的假设。我们假设如杆子两端都有枢轴,净力总是沿着杆子。(可以证明这是正确的,你们可以领悟到这是不证自明的。)如果只在杆子的一端有枢轴这就不一定正确了,因为这样我就可以把杆子推向侧面。但如果在两端各有一个枢轴,我只能沿着杆子推动它。我们假设我们知道这一点——就是力必定沿着杆子的方向。

根据物理学,我们还知道其他一些事情:在杆子的端点的力相等而方向相反。例如,杆子作用在滚轴上的力必定等于杆子以相反的方向作用在重物上的力。问题在于:有了这样的杆子的性质的概念,我们试着算出作用在滚轴上的水平力。

我想我尝试着做做看的方法是这样:杆子作用在滚轴上的水平力是作用在它上面净力的一个分量。(当然,由于"限制狭槽"的作用还有一个垂直分量,这个分量是不知道的,也没有兴趣;这是作用在滚轴上净力的一部分,它和作用在重物上的净力正好相反。)如果我能求出杆子作用在重物上的力的分量,我就可以求出杆子作用在滚轴上的力的分量——我只要水平分量。如果我把作用在重物上的水平力称作 F_x,那么作用在滚轴上的水平力就是 $-F_x$,将重物托住所需

要的力与它相等,方向相反,所以 $|\boldsymbol{P}| = F_x$。

　　杆子施加于重物的垂直力 F_y 很容易求:它就等于该重物的重量,为 2 千克乘以引力常量 g。(你们必须从物理学知道的另一些东西——在米·千克·秒制中 g 是 9.8。)F_y 等于 2 乘 g,即 19.6 牛顿。于是得到作用在滚轴上的垂直力 -19.6 牛顿。我怎样求水平力呢?答案:由于已知净力必定沿着杆子,从而我就可以求出它。如 F_y 为 19.6,并且净作用力沿着杆子,那么 F_x 应该等于多少(见图 1-17)?

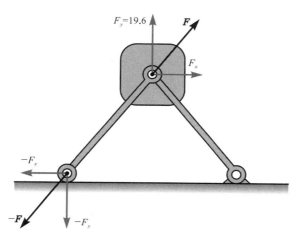

$F_y = 19.6$　　$\boldsymbol{F}$

F_x

$-F_x$

$-\boldsymbol{F}$　　$-F_y$

图 1-17　杆子作用在重物上的力和作用在滚轴上的力

　　好了,我们有了三角形投影,它被设计得非常恰当,所以水平边对垂直边的比例为 3 比 4;这和 F_x 比 F_y 的比例相同。(此地我不在乎净力 $\boldsymbol{F}$;我只需要水平方向的力)并且我已经知道垂直是多少。所以水平力的大小——未知——与 19.6 之比等于 0.3 与 0.4 之比。因此,用 19.6 乘 3/4 就得到:

$$\frac{F_x}{19.6} = \frac{0.3}{0.4}$$

$$\therefore F_x = \frac{0.3}{0.4} \times 19.6 = 14.7 (\text{牛顿}). \tag{1.20}$$

我们得到托住重物所必需的作用于滚轴上的水平力 $|\boldsymbol{P}|$ 是 14.7 牛顿。这就是这个问题的答案。

　　是吗?

　　你们看,你们做物理习题不能只是代代公式:你们除了知道法则、投影的公式以及所有的数据以外不知道还有别的东西,你们就永远不可能真正学到东西;你们必须对实际情况具有某种感觉! 过一会儿我要作关于这方面更多的讨论,但在此地,在这个特定的问题中,困难在于:作用在重物上的净力不仅来自<u>一根</u>杆子,还有<u>另一根</u>杆子在某个方向的作用力,我在分析问题的时候把它丢在一边——所以这全都错了!

　　我还必须考虑带有固定枢轴的杆子施于重物上的力。现在问题变复杂了:我怎样求出<u>这个</u>力是多少? 好,各种物体作用在重物上的净力是多少? 只有重力——只需要平衡重力,没有施加于重物上的水平力。从这个线索我可以求出沿着带固定枢轴的杆子有多大的"劲头"。这个线索使我们还注意到必须要有足够的水平力来平衡另一杆子施加的水平力。

　　因此,如果我要画出带固定枢轴的杆子施加的作用力的图,它的水平分量与带有滚轴的杆子施力的水平分量正好相反相等,两杆施力的垂直分量相等,因为杆子形成同样的 3-4-5 三角形:两根杆子以同样大小的力向上推举,因为它们的水平分量必须平衡——假如杆子的长度不同,你就要稍微多做一些计算,但概念是一样的。

　　就这样,我们再来讲重物:<u>杆子作用在重物上</u>的力是首先要弄清楚的,所以让我们来看看<u>杆子作用在重物上</u>的力。我对自己重复这句话是因为不然的话我会把符号都搞混了:<u>重物作用在杆子上</u>的力和<u>杆子作用在重物上</u>的力方向相反,我总是在像这个样子搞糊涂之后不得不重新开始;我不得不再想一遍来确定我要讲的是什么。所以我说,"看杆子作用在重物上的力:这是力 F,它沿着一根杆子的方向,还有一个力 F',沿另一根杆子的方向。只有这两个力,它们沿着杆子的方向。"

　　现在,这两个力的净作用力——啊! 我开始看到亮光了! 这两个力的净合力没有水平分量,只有 19.6 牛顿的垂直分量。啊! 我们再画一个图,因为我以前错了(见图 1-18)。

　　水平力平衡,垂直力相加,19.6 牛顿并不只是<u>一根</u>杆子施加的力的垂直分量,而是两根杆子的合力;每根杆子贡献一半,带滚轴的杆子作用力的垂直分量只有 9.8 牛顿。

　　现在取这个力的水平投影,将它乘以 3/4,就像我们以前做的那样,我们就

得到带滚轴的杆子作用于重物的力的水平分量,它满足:

$$\frac{F_x}{9.8} = \frac{0.3}{0.4}$$

$$\therefore F_x = \frac{0.3}{0.4} \times 9.8 = 7.35 \text{(牛顿)}. \tag{1.21}$$

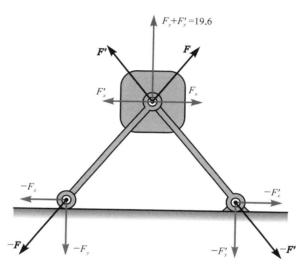

图 1-18 两根杆子作用在重物上的力及作用在滚轴和枢轴上的力

1-10 三角测量

还有一点时间,我想讲一点关于数学和物理学的关系——事实上通过这个小小的例子可以很好地描绘这种关系。这并不要求你去记住公式,并且还对你自己说:"我知道所有的公式,我要做的是判断怎样把这些公式用到这个问题中!"

现在你们用这个方法可以暂时获得成功,你们记得更多的公式,你们就可以用这个方法走得更远——但到最后就不行了。

你们可能会说:"我不相信他,因为我总是成功的:这是我一直用的方法;我总是用这种方法来解题目。"

你们并<u>不能</u>总是用这种方法:你们将会<u>不及格</u>——不是今年,不是明年,而是最终要不及格,当你们参加工作或者做某事——你们沿这条路走到某个地方就要失败,因为物理学是<u>极其广博的</u>;有<u>几百万个公式</u>!不可能记住所有的公式——不可能!

你们忽视的重要的东西,你们没有利用的强有力的机器是:假设图 1 - 19 是所有物理公式和物理学中所有关系的地图。(它应当是比二更多的维度,但我们假设它是这个样子的。)

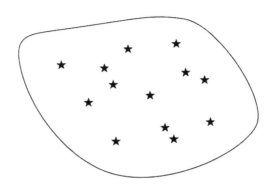

图 1 - 19 所有物理公式的想象地图

现在假设你的心中恰巧想到某件事,不知什么原因在某个范围内的所有材料都被抹去了,只留下失去记忆的某些片段。自然界的相互关系是如此精妙,可以用逻辑方法从已知的东西通过"三角测量"得知空洞中的内容(见图 1 - 20)。

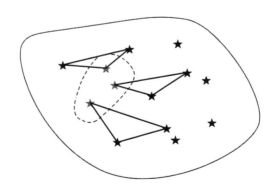

图 1 - 20 忘了的事实可以从已知的事实用三角测量重新建立

你可以重建你已经长期忘却的东西——只要你没有忘记太多,并且还知道足够的材料。换言之,你最后会到某个境界——你还没有完全到达——那时你会知道如此多的你忘记的东西,你可以从你还记得的一些片断重新建立这些。因此,头等重要的是你要知道如何进行"三角测量"——就是如何从你已知的推出某些东西。这是绝对必需的。你可能会说:"啊,我不在乎,我记性很好! 我知道怎样能牢牢记住! 实际上我是靠记忆来决定我的行为!"

这还是不行! 因为物理学家真正的作用——无论是发现自然界的新定律还是在工厂里开发新东西,诸如此类——不是谈论已知的东西而是创造某些新事物——所以他们要从已知的事物进行三角测量:他们进行以前没有人做过的"三角测量"(见图 1-21)。

为了学习如何做,你们要忘掉死记硬背公式的方法,要试着学会认识自然界的相互关系。这一开始是非常困难的,但这是唯一成功的方法。

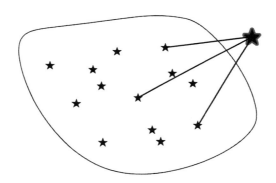

图 1-21 新发现是物理学家们用三角测量方法从已知到达以前未知的事物

2 定律与直觉

复习课 B

　　上次我们讨论了你们学习物理需要的数学,而且我还指出应该把方程作为工具记住,但是去记住每件事情并不是一个好想法。实际上,从长远的观点来看,凭记忆来做每件事情是不可能的。这也不表示凭记忆做不了任何事情——从某种意义上来说,你们记住的东西越多,做事情就越好——而你们应当可以重新创建你们忘记的任何事情。

　　顺便说说,当你们来到加州理工学院时,你突然发现自己低于平均水平的问题,这是上次我们也讨论过的,如果由于某种原因你们脱离了班级内下面一半的行列,那么你们只是使得另外一些人难受,因为你们现在正迫使另一个人落到班级的下半部分! 但有一种方法你可以去做而不妨碍任何人: 找出并追踪某个有兴趣,你特别喜爱的题目,以致你暂时成为某种你听说过的特殊现象的专家,这是一种拯救你们灵魂的方法——于是你就可以说:"好,至少别的家伙对这件事情毫无所知。"

2-1　物理定律

　　现在我将在这堂复习课中谈谈物理定律。首先要做的事情是说明它们是什么。到现在为止,在我们的讲课中用大量的语言表述了不少,没有同样的时间很难再把它们都重复一遍。但是物理定律也可以用某些方程来概括,这里我们将把它们写出来。(到现在为止,我可以假定你们的数学已经提高到能够立即理解这些符号。)下面都是你们应该知道的物理定律。

　　第一:

$$F = \frac{\mathrm{d}\boldsymbol{p}}{\mathrm{d}t}. \tag{2.1}$$

该式表明,力 $\boldsymbol{F}$ 等于动量 $\boldsymbol{p}$ 对时间的变化率。($\boldsymbol{F}$ 和 $\boldsymbol{p}$ 都是矢量。此时假定你们已知道这些符号的意义。)

我想要强调的是,必须理解每个物理方程中每个字母代表什么。这并不是说"喔,我知道这 $\boldsymbol{p}$ 代表运动中的质量乘速度,或者代表静止质量乘速度再被 1 减 v^2 除以 c^2 的平方根去除"①:

$$\boldsymbol{p} = \frac{m\boldsymbol{v}}{\sqrt{1 - v^2/c^2}}. \tag{2.2}$$

而为了在物理上理解 $\boldsymbol{p}$ 代表什么,你们必须知道 $\boldsymbol{p}$ 不仅仅是"动量";它是某个东西的动量——一个质量为 m、速度为 $\boldsymbol{v}$ 的质点的动量。并且在(2.1)式中,$\boldsymbol{F}$ 是合力——所有作用于那个质点上的力的矢量和。只有这样你们才能对这些方程有所理解。

现在这里有一个你们应该知道的物理定律,叫做动量守恒:

$$\sum_{\text{质点}} \boldsymbol{p}_{\text{后}} = \sum_{\text{质点}} \boldsymbol{p}_{\text{前}}. \tag{2.3}$$

动量守恒定律说,在任何情况下总动量是一个常量。这在物理上意味着什么呢? 例如在碰撞中,它等于说碰撞前所有质点的动量总和与碰撞后所有质点的动量总和是相同的。在相对论世界中,在碰撞后粒子可能不同了——你们可能创造新的粒子或者摧毁老的粒子——但碰撞前后所有粒子总动量的矢量和是相同的,这个定律仍旧成立。

下一个你们应该知道的物理定律叫做能量守恒,写成与上面同样的形式:

$$\sum_{\text{质点}} E_{\text{后}} = \sum_{\text{质点}} E_{\text{前}}. \tag{2.4}$$

这表示,碰撞前所有质点的能量总和等于碰撞后所有质点的能量总和。为了应用这个公式,你们必须知道质点的能量是什么。具有静止质量 m、速率为 v 的质点能量为

----

① $v = |\boldsymbol{v}|$ 是粒子的速率;c 是光速。

$$E = \frac{mc^2}{\sqrt{1 - v^2/c^2}}. \tag{2.5}$$

2-2 非相对论近似

现在,这些定律在相对论世界中都是正确的。在非相对论性的近似中——这也就是说,如果观察与光速相比为低速情形下的质点——那么就有上述定律的某些特殊情况。

首先,在低速情形下的动量很容易写出:$\sqrt{1 - v^2/c^2}$ 几乎等于 1,所以 (2.2) 式成为

$$\boldsymbol{p} = m\boldsymbol{v}. \tag{2.6}$$

这意味着力的公式 $\boldsymbol{F} = \mathrm{d}\boldsymbol{p}/\mathrm{d}t$,也可以写成 $\boldsymbol{F} = \mathrm{d}(m\boldsymbol{v})/\mathrm{d}t$;然后,把常数 m 移到前面。我们看到对于低速情况,力等于质量乘加速度:

$$\boldsymbol{F} = \frac{\mathrm{d}\boldsymbol{p}}{\mathrm{d}t} = \frac{\mathrm{d}(m\boldsymbol{v})}{\mathrm{d}t} = m\frac{\mathrm{d}\boldsymbol{v}}{\mathrm{d}t} = m\boldsymbol{a}. \tag{2.7}$$

低速质点的动量守恒,具有与 (2.3) 式相同的形式,只是动量公式是 $\boldsymbol{p} = m\boldsymbol{v}$（而所有质量都是常数）:

$$\sum_{\text{质点}} (m\boldsymbol{v})_{\text{后}} = \sum_{\text{质点}} (m\boldsymbol{v})_{\text{前}}. \tag{2.8}$$

然而,低速情况下的能量守恒定律变成两个定律:第一,每个质点的质量都是常数——你们不能创造或摧毁任何物质——第二,所有质点的 $\frac{1}{2}mv^2$（总动能）之和为常数[①]:

---

① 通过 $\sqrt{1 - v^2/c^2}$ 的泰勒级数展式的前两项代入 (2.5) 式,就很容易地看出质点的动能和它总的（相对论性）能量之间的关系:

$$\frac{1}{\sqrt{1 - x^2}} = 1 + \frac{1}{2}x^2 + \frac{1}{2} \cdot \frac{3}{4}x^4 + \frac{1}{2} \cdot \frac{3}{4} \cdot \frac{5}{6}x^6 + \cdots$$

$$E = \frac{mc^2}{\sqrt{1 - v^2/c^2}} = mc^2(1 + v^2/2c^2 + \cdots)$$

$$\approx mc^2 + \frac{1}{2}mv^2 = 静能 + 动能（对于 v \ll c）$$

$$m_{后} = m_{前}$$

$$\sum_{质点}\left(\frac{1}{2}mv^2\right)_{后} = \sum_{质点}\left(\frac{1}{2}mv^2\right)_{前}. \tag{2.9}$$

如果我们把大的、每日见到的物体都看作低速运动的质点——像把一个烟灰缸近似地看作一个质点——那么［许多质点（烟灰缸）］碰撞前的动能之和等于碰撞后的动能之和这个定律就不正确了。因为可能这许多质点的一些动能 $\left(\frac{1}{2}mv^2\right)$ 转变为物体内部运动——例如热运动——的形式进入物体内部。所以在两个大的物体之间碰撞过程中，这个定律看上去失效了。这个定律只对基本的质点成立。当然在大的物体的情况中，可能只有很少的能量转变成内部运动，所以能量守恒表现为近似正确，而这种碰撞就称为近似弹性碰撞——有时理想化为完全弹性碰撞。所以能量比动量更难于观察记录，因为牵涉到的物体是像重物等大的物体，它们作非弹性碰撞时，动能守恒定律就不正确了。

2-3 由力引起的运动

现在我们不关注碰撞，来讨论力作用下发生的运动。于是我们首先得到一个定理，它告诉我们，质点动能的变化等于力对它所做的功：

$$\Delta K.E. = \Delta W. \tag{2.10}$$

记住，这个式子表示重要的东西——你必须完全了解所有这些字母的意义——它意味着如果一个质点正沿着某一曲线 s 从 A 点到 B 点运动，并且它的运动是在力 $\boldsymbol{F}$ 的作用下进行的，这里 $\boldsymbol{F}$ 是作用在该质点上的合力。于是，若知道质点在 A 点的动能 $\frac{1}{2}mv^2$，则也就知道经过 B 点时动能有多少，它们的差为 $\boldsymbol{F} \cdot d\boldsymbol{S}$ 从 A 到 B 的积分，这里 $d\boldsymbol{S}$ 是沿曲线 S 的位移增量（见图 2-1）。

$$\Delta K.E. = \frac{1}{2}mv_B^2 - \frac{1}{2}mv_A^2, \tag{2.11}$$

及

$$\Delta W = \int_A^B \boldsymbol{F} \cdot d\boldsymbol{S}. \tag{2.12}$$

　　在某些情况下,由于作用在质点上的力仅以简单的方式依赖于它的位置而与时间无关,所以积分可以很容易算出。在这些情况下,我们可以把对质点所做的功用称为势能或 $P.E.$ 的另一个量来表示,与它数值上相等,而与其变化符号相反。这样的力被称为"保守力":

$$\Delta W = -\Delta P.E. \quad (在保守力 \mathbf{F} 的条件下). \qquad (2.13)$$

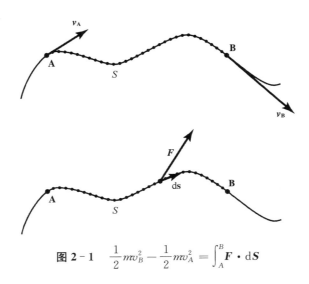

图 2 - 1　$\dfrac{1}{2}mv_B^2 - \dfrac{1}{2}mv_A^2 = \displaystyle\int_A^B \mathbf{F} \cdot \mathrm{d}\mathbf{S}$

顺便说及,我们在物理中所用的一些词是令人难以理解的:"保守力"并不意味着该力是守恒的,而是这样的一种力,受这种力作用的物体的能量可能是守恒的[①]。我承认这个概念很容易混淆,但我也帮不了忙 。

　　一个质点的总能量等于它的动能加势能:

$$E = K.E. + P.E.. \qquad (2.14)$$

　　当仅有保守力作用时,一个质点的总能量不变:

$$\Delta E = \Delta K.E. + \Delta P.E. = 0 \quad (在保守力条件下). \qquad (2.15)$$

　　然而当有非保守力——不能用任何势能来描述的力——作用时,质点能量

---

　　①　一个力被定义为保守力的条件是:当它作用在一个质点上,使它从一个位置移动到另一个位置所做的总功与粒子运动的路径无关,都是相同的。也就是说,总功仅取决于路径的两个端点。在质点沿一闭合路径运动(即终点就是原点)的情况中,作用在质点上的保守力所做的功恒为零。参见《费曼物理讲义》第 1 卷 14 - 3 节。

的变化等于作用于其上的那些力可做的功。

$$\Delta E = \Delta W \quad (在非保守力的条件下).\qquad(2.16)$$

现在,当我们给出了各种力的全部已知规则时,复习的这一部分也该结束了。

但在结束前还须提一下关于加速度的公式,这个公式很有用:如果在一给定的瞬时,一个物体正以恒定速率 v 沿半径为 r 的圆周运动,那么它的加速度指向圆心,其量值等于 v^2/r（见图 $2-2$）。那是与我们曾谈到过的一切别的东西成"直角"的那类事情,但由于导出这个公式很麻烦[①],所以最好是记住它。

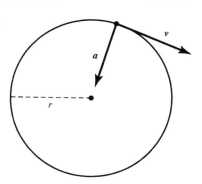

图 $2-2$ 匀速圆周运动的速度和加速度矢量

$$|\boldsymbol{a}| = \frac{v^2}{r}.\qquad(2.17)$$

表 $2-1$

	永远正确	一般情况下不成立 （仅在低速情况下正确）
力	$\boldsymbol{F} = \dfrac{\mathrm{d}\boldsymbol{p}}{\mathrm{d}t}$	$\boldsymbol{F} = ma$
动量	$\boldsymbol{p} = \dfrac{mv}{\sqrt{1 - v^2/c^2}}$	$\boldsymbol{p} = mv$
能量	$E = \dfrac{mc^2}{\sqrt{1 - v^2/c^2}}$	$E = \dfrac{1}{2}mv^2 (+mc^2)$

表 $2-2$

在保守力的条件下正确	在非保守力的条件下正确
$\Delta P.E. = -\Delta W$	$P.E.$ 没有定义
$\Delta E = \Delta K.E. + \Delta P.E. = 0$	$\Delta E = \Delta W$

定义:动能 $K.E. = \dfrac{1}{2}mv^2$;功 $W = \displaystyle\int \boldsymbol{F} \cdot \mathrm{d}\boldsymbol{S}$.

---

① 参见《费曼物理学讲义》第 1 卷 $11-6$ 节。

2－4　力及其势能

现在,回到正题,我将列出一系列力的定律及它们的势能公式的表。

表 2－3

	力	势
重力(靠近地球表面)	$-mg$	mgz
引力(质点之间)	$-Gm_1m_2/r^2$	$-Gm_1m_2/r$
电荷	$q_1q_2/4\pi\varepsilon_0r^2$	$q_1q_2/4\pi\varepsilon_0r$
电场	$q\boldsymbol{E}$	$q\phi$
理想弹簧	$-kx$	$\dfrac{1}{2}kx^2$
摩擦	$-\mu N$	不存在

先讲地球表面上的重力。这个力的方向向下,但不必关注其符号,只要记住力是哪个方向,因为谁会知道你取什么样的坐标轴——或许你会取 z 轴向下!(你这样做是可以的。)所以力为 $-mg$,则其势能为 mgz,这里 m 是物体的质量,g 是一个常数(地球表面处的重力加速度——否则,这个公式就不对了!)而 z 是地面或其他任何水平面以上的高度。这就意味着势能值在你想选的任何地方都可以为零。我们使用势能的方式是讨论它的变化——当然,如果你在势能上加一常数,也不会有任何区别。

我们接下来讨论空间中质点之间的引力。这是一个指向质点的力,它正比于两个质点质量的乘积除以这两者之间距离的平方,即 $-mm'/r^2$ 或 $-m_1m_2/r^2$,或者是你想写的任何其他形式。记住力的方向比操心其符号更好。但这部分内容你必须记住:引力与两个质点间距离平方成反比。(所以怎样确定符号? 就像引力的吸引,因而力处于径向矢量的相反方向。这向你们表明我不记符号,我只从物理意义上记住应该怎样确定符号。质点相互吸引,这就是所有我必须记住的。)

现在,两个粒子间的势能为 $-Gm_1m_2/r$。对我来说,记住势能是何种样式是困难的。让我们看看:当两个质点靠近时,势能减少,所以这表示 r 越小,势能应越少,因此它是负的——我想这是正确的! 我感到在符号方面有很多困难。

在电学里面,两个电荷之间的作用力正比于两个电量 q_1 和 q_2 的乘积除以它们之间距离的平方,但比例常数不再被写在分子上(像引力那样),而是在分母上写作 $4\pi\epsilon_0$。同引力一样电力也是沿径向,但有不同的符号规律:有电排斥力,因而它的电势能的符号与引力势能的符号相反,另一方面比例常数不同:为 $\dfrac{1}{4\pi q_0}$ 而不是 G。

电学定律中有几个技术性问题:作用在 q 单位电荷上的力可以写成 q 乘上电场(强度),即 $q\boldsymbol{E}$,而能量可以写成 q 乘电势,即 $q\phi$。这里 $\boldsymbol{E}$ 是一个矢量场,而 ϕ 是标量场。当能量用常用单位焦耳时,q 用库仑计量,ϕ 用伏特计量。

继续讨论上面的这张公式表,接下来的是理想弹簧。把一理想弹簧拉伸距离 x 时,作用力为常数 k 乘以 x。这里我们再次强调必须知道字母的意义:x 是你把弹簧从平衡位置拉开的距离,而弹簧拉回来的力是 $-kx$。这里我取的符号只是表明弹簧向后拉。你很清楚当弹簧被拉伸后,弹簧会把物体拉回去,而不会把它推远。现在其势能为 $\dfrac{1}{2}kx^2$。为了拉伸弹簧你们得对它做功,所以它被拉伸后其势能为正。因而对弹簧来说,符号问题是不难的。

你们知道我不可能记住像符号这种细节,但我试着通过论证将这些事情进行重现——那就是我如何回忆起我没有记住的所有事情。

摩擦:干燥表面上的摩擦力为 $-\mu N$,你们再次必须知道各个符号的意义。当一个物体被用力压在另一个表面上时,该力垂直于表面的分量为 N,这时为使该物体沿表面滑动,所需推力为 μ 乘 N。你很容易确定摩擦力的方向:它与你使物体滑动的方向相反。

现在,在表 2-3 中关于摩擦的势能项下面,其答案是不存在:摩擦消耗能量,所以我们没有关于摩擦力的势能公式。如果你沿着一个表面把一物体推进一段路程,你做了功;然而当你把它拖回来时,你又要做功。所以当你经过一个完全循环,得不出没有能量变化的结论。你们已经做了功,所以摩擦力没有势能。

2-5   通过实例学习物理

这些就是我能够记住的必需的所有规则。所以你们会说,"好吧!那很容易:

我只要记住这整个该死的表,于是我就知道了全部物理学。"嗯,那是不行的。

实际上,开始时它可能有相当好的效果,但是正如我在第一章中所指出的那样,这种办法会变得越来越困难。因此,为了了解世界,下面我们必须学习如何把数学应用到物理学中。方程帮助我们掌握事物的线索,所以我们应把它们当工具使用——但要这样做,我们需要知道方程论及什么对象。

关于如何从老的情况推断出新情况的问题,以及如何解决问题,实在是非常难教的,而我真的不知道如何做这件事。我不知道如何告诉你们某些事情,这会把你们从一个不会分析新情况或解决问题的人,转变成一个能够这样做的人。就数学的情况而言,我能够通过教你们全部规则,而把你们从不会求微分的人转变成能够求微分的人。但是在物理的情况方面,我却不能把你从一个不能解决问题的人转变成一个能够解决问题的人,所以我不知道做什么好。

由于我凭直觉理解在物理上发生什么事情,我发现这很难表达出来:我只能给你们看一些例子。因此这堂课的其余部分和下一堂课,全都是小型的例子——应用的,物理世界或工业领域中现象的,以及物理在不同方面应用的例题——这都是为了让你们看看,你们已知的东西可以用来使你们了解和分析发生的事情。仅通过这些例子,你们就能理解。

我们已找到许多古代巴比伦数学的老课本。其中一部分全是给学生的数学练习大丛书。这些非常有趣:巴比伦人那时已能解二次方程;他们甚至有解三次方程的表格。他们能够做三角的问题(见图 2-3);他们能做各种事情,但从来没有写下代数公式。古代巴比伦人没有写代数公式的方法。而他们一个接一个地做例题——就是这样。其观念是你们应该考察许多例题,直到你们获得概念。这是由于古代巴比伦人还不具备用数学形式来表达的能力。

今天,我们还不具备告诉学生如何从物理的角度来理解物理的表达能力。我们能够写出定律,但仍不能说清楚如何从物理上来理解这些定律。由于我们缺乏表达的方法,你们能够从物理上理解物理的唯一办法,是效仿巴比伦人的笨办法,做很多例题,直到获得概念。这就是我能够对你们所做的一切。在巴比伦,那些没有获得概念的学生不及格,而真正得到概念的家伙死了,所以都是一样。

那么,现在我们来试试吧。

图 2 - 3　大约在公元前 1700 年的 Plimpton 表格上的毕达哥拉斯三元组[*]

2 - 6　从物理的角度来理解物理学

我在第一章中提出的第一个问题就包含了许多物理的东西。有两根杆子、一个滚轴、一个枢轴以及一个重物——我记得它的质量是 2 kg。如图 2 - 4 所示,两根杆子的几何关系是 0.3、0.4 及 0.5。问题是为把重物托住在上面需要多大的水平力 p 作用在滚轴上?尝试了多种方法(事实上,在我获得正确答案以前,我不得不做了两次),但我们求得了作用在滚轴上的水平力等于 $\frac{3}{4}$ kg,如图 2 - 5 所示。

现在如果让你们自己丢开方程式,并思考一下。而要是你们卷起衣袖并摇动你们的手臂,那么你们几乎能够理解答案是什么——至少我能够。现在,我来教教你们如何解这问题。

你们可能会说"噢,来自重物的力一直向下,它相当于 2 kg。重量由两条腿的均等支撑而得到平衡,所以每条腿的垂直力必须足以支持 1 kg。此时,作用在每条腿上相应的水平力必定是垂直的力的一部分,就是直角三角形的水平边与垂

---

[*] 满足毕达哥拉斯定理 $x^2 + y^2 = z^2$ 的三个正整数 x, y 和 z 称为毕达哥拉斯三元组,也称三数组。——译者注

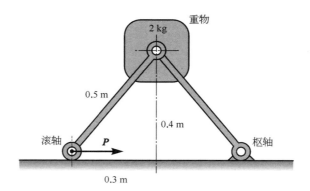

图 2 - 4　第一章中的简单机械

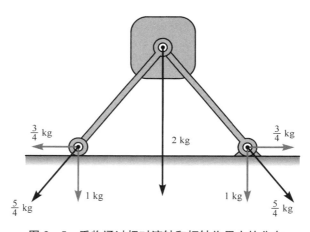

图 2 - 5　重物通过杆对滚轴和枢轴作用力的分布

直边的比例,就是 3 : 4。所以作用在滚轴上的水平力相当于 $\frac{3}{4}$ kg 重——结束。"

现在让我们看看它是否有意义:按照上面的想法,要是把滚轴推到非常靠近枢轴,以致两腿的间距非常小,那么我们会预计出作用在滚轴上的力小得多。对不对? 当重物慢慢上升时,作用在滚轴上的力应当慢慢减少? 对了(见图 2 - 6)!

如果你们还不明白,也难于解释为什么是这样——要是你们试着用梯子支撑某个物体,而如果你们让梯子笔直地竖在物体的下面,那很容易防止梯子滑倒。但是如果梯子倾斜一个角度,支持这个物体就有点困难了! 实际上,如果你们慢慢向外,以致梯子的远端离开地面只有很小的距离,那你们会发现要在很小角度向上支撑一个物体所需的水平方向的力将接近于无限大。

现在,你们能够亲身感受到所有这些事情。其实你们不必亲自感受它们,你们可以通过作图及计算把它们解出来。然而当问题变得越来越困难时,并当你们试图去了解越来越复杂的状态下的自然界,你们能够不做实际计算而猜到、感受到并认识到的东西越多,则你们可以走得更远! 所以这是为什么你们应当做各种练习:当你们有时间做某件事,并且不必担忧是为测验或类似的事去求答案,就仔细地考察问题,并且看看当你们改变某些数据时,是否能了解它大致的行为方式。

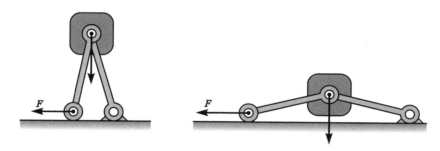

图 2-6 作用在滚轴上的力随重物的高度而变化

现在如何说明怎样做这件事呢,我不知道。我记得有一次我试图教某一个人,纵然他数学很好,他上物理课时遇到了很多麻烦。他认为不可能解的一个很好的问题:一只用三只脚支撑的圆桌子,你应靠在它的什么地方才能使得桌子最不稳定?

该学生的解答是:"很可能在一只脚的顶部,但让我想想看:我要算一算在不同的地方用多少力会提升多大高度,会产生怎样的提升,等等。"

于是我说:"不必关心计算。你们能够想象一张真实的桌子吗?"

"但那不是解这问题应该用的方法!"

"不要管你应该如何做;你已经有一张有许多腿的真实的桌子,你明白吗? 现在你想倚靠在什么地方? 如果你直接在一只脚的上面往下压,会发生什么情况?"

"什么也没有!"

我说:"对了,而如果你们在两条腿之间当中地方的边缘处往下压,会发生什么情况?"

"桌子就翻倒了!"

我说:"好! 这就对了!"

问题在于学生并没有领悟到这些不仅是数学问题;它们描述了有腿的真实桌子。其实它不是一张真实的桌子,因为它是完全圆形的,它的腿也是笔直上下,等等。但是,粗略地说,它近似描述了一张真实的桌子。知道了实际桌子的情况,你们就可以不必要做任何计算,而获得这张桌子会发生什么情况很好的概念——你们很清楚为了使桌子翻倒,必须倚靠在桌子的什么地方。

那么,如何说明这种事呢,我不知道! 但是你们一旦得到这样的概念,即这个问题不是数学问题而是物理问题,就受益匪浅。

现在我将这个方法应用到一系列问题上:第一,用在机械设计中;第二,用于人造卫星的运动;第三,用于火箭的推进;第四,发射分析器,然后,如果我还有时间,用于 π 介子的蜕变和两个其他问题。所有这些问题都是相当困难的,但它们描述了我们发展中的各个方面,那么就让我们看看会发生什么情况吧。

2-7 机械设计中的问题

第一,机械设计,这里的问题是:有两根带轴的杆,每根都有半米长,它们承载 2 kg 的重物——听上去熟悉吗? ——左边的滚轴被某种机器驱动,以 2 米/秒的恒定速率前进或后退。清楚吗? 给你们的问题是,当重物的高度是 0.4 米时,使它做这样的运动需要多大的力(见图 2-7)?

你们或许在想,"我们已经做过了! 支持这重物所需的水平方向的力是 1 kg 重的 $\frac{3}{4}$。"

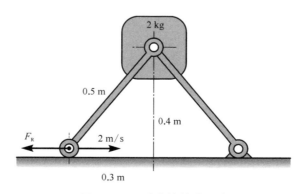

图 2-7 运动中的简单机械

但我争辩说："该力不是 $\frac{3}{4}$ kg 重，因为重物是在运动着的。"

你们可能会反驳说："当物体运动时，难道需要力维持其运动吗？不！"

"但为了改变物体的运动就需要力。"

"是的，但滚轴是以恒定速度运动。"

"噢，是这样。这是对的：滚轴正以 2 m/s 的恒定速度运动，但是重物怎么样：它是以恒定速度运动吗？让我们想一想：该重物是否有时运动得慢有时运动快？"

"是的……"

"它的运动是变化着的——这就是我们遇到的问题：计算出，重物在0.4 米高度时，维持滚轴以 2 m/s 的恒定速度运动所需要的作用力。"

让我们看看，"我们是否能够说明重物的运动是怎样变化的。"

好的。如果重物靠近顶部而滚轴几乎在重物的正下方，则重物几乎不作上下运动。在这个位置上，重物运动不很快；但如果重物降低了，像前面讨论的那种情况，这时你只要把滚轴向右推动一点点——好家伙，重物就不得不向上运动才不妨碍它！所以，当我们推动滚轴时，重物开始很快地向上运动，然后慢下来，对吗？如果重物快速上升，然后变慢，那么它的加速度从哪里来？加速度必然向下：就像我把它快速向上抛出然后它慢下来——有点儿像它正在下落，所以作用力必须减少。那就是说，我推动滚轴前进的水平力小于滚轴不动时的力。所以我们要算出小了多少。（我这样讨论整个问题的理由是我不能保证方程式中符号的正确，所以我要到最后通过这样的物理论证来确定符号是什么。）

顺便提一句，这个问题我大约已做过四次——每次都有错——但最后我还是做对了。我很清楚，当你第一次做一个习题的时候，有许多事情搞不清楚：我把数据搞混了，我忘了平方，我把时间的符号放错了，我还做错了其他许多事情，但不管怎样，现在我做对了，而且我还可以告诉你这个问题如何才能正确地去解决——我必须老实承认，为了获得正确的答案，曾花费了我相当长时间。（孩子们，我很高兴我还保留着我的笔记本。）

现在为了计算力的大小，我们需要求出加速度。仅仅通过考察所有尺寸都固定在我们注意的时间的几何图形，是不可能求出加速度的。但为了得到变化率，我们不能让它固定不动——我的意思是，我们不能说，"好，这是 0.3，这是

0.4,这是 0.5,这是每秒 2 米,加速度是多少?"不存在容易求加速度的方法。求加速度的唯一办法是找出一般的运动并将它对时间求微商①。于是我们就能够代入与这个特定图解相应的时间值。

因此,我需要在更一般的情况下去分析这个问题,就是当重物位于某个任意位置时的情况。比如说,在 $t=0$ 的时刻,枢轴和滚轴靠在一起,因为滚轴以 2 m/s 的速度运动,所以它们之间的距离是 $2t$。当我们想要进行计算的时刻是它们靠拢之前的 0.3 s,这就是 $t=-0.3$,因此它们之间的距离实际上为负 $2t$——但是如果我们用 $t=0.3$,使距离为 $2t$,它也完全是正确的。但是因为我一开始就没有探讨力的正确符号是什么,所以结束时会有许多符号错误。我将会完全正确——我宁愿不管数学,而从物理意义上获得正确的符号,然后从相反方向来做。不管怎样,我们达到了目的。(你们不愿这样做吗?它太困难了——练习一下吧!)

(记住 t 的意义:t 是两个轴靠在一起之前的时间,它是一种负的时间,这种负时间会使每个人发疯,但我实在帮不了忙——这是我求解这问题的方法。)

现在几何图形是这样的,重物总是在滚轴和枢轴之间(水平方向上)一半的地方。所以,如果我们把坐标系的原点放在枢轴的位置,那么重物的 x 坐标为 $x=\frac{1}{2}(2t)=t$。杆的长度是 0.5,所以重物的高度就是它的 y 坐标,由勾股定理,我得到 $y=\sqrt{0.25-t^2}$(见图 2-8)。你能否想象,我第一次非常仔细地求解出这个问题得到的结果是 $y=\sqrt{0.25+t^2}$?

现在我们需要求加速度,加速度有两个分量:一个是水平加速度,另一个是垂直加速度。如果存在水平加速度,那么就有水平方向的力。我们已通过杆子求出它并算出它作用在滚轴上的力是多少。这个问题比它看上去要容易一些,因为不存在水平方向的加速度——重物的 x 坐标总是等于滚轴坐标的一半;它在同样的方向运动,但是其速率是滚轴速率的一半。这样,重物在水平方向以 1 米/秒的恒速运动,所以不存在横向的加速度,感谢上帝! 这就使问题变得稍微容易一点,我们只需关心向上及向下的加速度。

因此为了求加速度,我们必须对重物的高度两次求微商:一次我们得到 y

① 参见 78 页关于无须微商求重物加速度方法的补充题解 A。

方向的速度,再一次微商就得到加速度。高度为 $y = \sqrt{0.25 - t^2}$,你们应该能够很快对此求出微商,答案为

$$y' = \frac{-t}{\sqrt{0.25 - t^2}}. \tag{2.18}$$

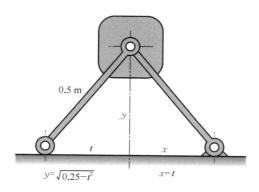

图 2-8 利用勾股定理求重物的高度

它是负的,即使重物向上运动。但我把我的符号全都搞得很笨拙。所以我就让它这样。无论如何,我知道速率是向上的,所以假如 t 是正的话,则这个等式就错了。但 t 确实应该是负的——所以该式是正确的。

现在我们来计算加速度。你们能够用几种方法来解这道题:你们可以用普通的方法去解,但我将利用第一章给你们讲过的“超级”方法:你们再写下 y';然后你们说,“我要微分的第一项是一次幂,$-t$,$-t$ 的微商是 -1。我要微分的第二项是负二分之一次幂,这一项是 $0.25 - t^2$。它的微商是 $-2t$。做完了!”

$$y' = -t(0.25 - t^2)^{-1/2},$$

$$y'' = -t(0.25 - t^2)^{-\frac{1}{2}} \left[1 \cdot \frac{-1}{(-t)} - \frac{1}{2} \cdot \frac{-2t}{(0.25 - t^2)} \right]. \tag{2.19}$$

现在我们有了任何时刻的加速度。为了求力,我们要把它乘以质量。所以,力——产生加速度的除重力以外的力——等于质量(2 公斤)乘加速度,让我们把数值代入;t 为 0.3,$0.25 - t^2$ 的平方根就是 $0.25 - 0.09 = 0.16$ 的平方根 0.4——好,多方便!正确吗?肯定正确,先生。这个平方根与 y 本身相同,当 t 为 0.3 时,根据我们的图解,y 为 0.4。好,不错。

（在我的计算过程中，我总是边计算边核查。一种核查方法是非常仔细地作数学计算；另一种核查方法是一直关注着所得到的数据是否合理，是否描述实际发生的情况。）

现在我们来计算。（第一次解这问题时我认为 $0.25 - t^2 = 0.4$，而不是 0.16——为了找到那样一个解，花费了我一些时间！）我们算出某一个或另一个数值；结果加速度约为 3.9[①]。

好了，加速度为 3.9，现在来求力：与这个加速度相应的垂直方向的力为 3.9 乘 2 kg 乘 g。不，这不对！我忘了，现在没有 g 了；3.9 是真实的加速度。垂直方向的重力是 2 kg 乘由重力加速度 9.8——这就是 g——而杆子作用在重物上的力的垂直分量是这两个力之和，其中一个带有负号；两个符号是相反的。所以你们把它们相减，并得

$$F_w = ma - mg = 7.8 - 19.6 = -11.8(\text{牛顿}).\qquad(2.20)$$

但应记住，现在得到的是作用在重物上的垂直方向的力。作用在滚轴上的水平力是多少呢？答案是：作用在滚轴上的水平力，是作用在重物上的垂直力一半的 $\frac{3}{4}$。我们前面就注意到：向下拉的力是由两条腿支撑的，它们把力分解为二，由几何关系可知，力的水平分量与垂直分量之比是 $\frac{3}{4}$——所以答案是：作用在滚轴上的水平力是作用在重物上的垂直的八分之三。我算出的结果是每一个力的八分之三，对重力的情况我得到 7.35，而由加速度产生的项得 2.95，它们的差为 4.425 牛顿——比重物在相同位置上而不动时所需的支撑力大约小 3 牛顿（见图 $2-9$）。

$$F_R = \cdots \approx 4.425(\text{牛顿}).$$

总之，这就是你们如何设计机械的方式；你们知道驱动一个物体向前需要多大的力。

现在你们要问："那是解决这种问题的正确方法吗？"

这种东西是不存在的！没有处理任何事情的"正确"方法。做一件事用特定

① 精确的数值是 $3.906\,25$。

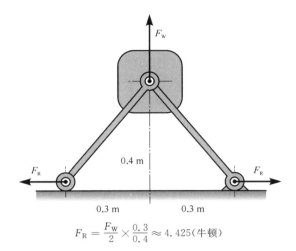

$$F_{\mathrm{R}} = \frac{F_{\mathrm{W}}}{2} \times \frac{0.3}{0.4} \approx 4.425 \text{(牛顿)}$$

图 2-9　利用相似三角形求作用在滚轴上的力

方法可能是正确的,但它不是在任何情况下都<u>正确</u>的方法。你们可以用你们想要的任何该死的方法做事情!(好吧,请原谅:有许多<u>不正确</u>的办事方法。)

　　现在,如果我足够聪明,我只要看一看这东西,就能够告诉你们力有多大;但我<u>不是</u>一个足够聪明的人,所以我不得不用<u>这种</u>或那种方法来做这种事件——但有许多做这种事情方法。我要说明另一种方法,它非常有用,尤其是你要设计真实的机器。这个问题由于具有相等长度的腿及其他因素而简化了,因为不想把运算复杂化。但物理概念可以帮助你们能够用另一种方法计算出所有东西,即使几何关系并不如此简单。下面介绍的就是另一种有趣的方法。

　　当你们有一整套能使许多重物运动的杠杆时,你们就能够做这样的事:随着你们驱动这些物体,由于所有杠杆的作用,所有重物都开始运动,你们就要做一定数量的功 W。在任何给定的时刻,有一定的功率输入,功率是你们做功的速率,即 $\mathrm{d}W/\mathrm{d}t$。在同一时刻,所有重物的能量 E 是以某种速率变化,即 $\mathrm{d}E/\mathrm{d}t$,而这两者是相互匹配的。这就是说你输入功的速率应该与所有重物的总能量的变化率相匹配:

$$\frac{\mathrm{d}E}{\mathrm{d}t} = \frac{\mathrm{d}W}{\mathrm{d}t}. \tag{2.21}$$

回想一下讲过的课,你们应该记得,功率等于力乘以速度[1]:

---

[1]　参见《费曼物理学讲义》第 1 卷,13 章。

$$\frac{\mathrm{d}W}{\mathrm{d}t} = \frac{\boldsymbol{F} \cdot \mathrm{d}\boldsymbol{s}}{\mathrm{d}t} = \boldsymbol{F} \cdot \frac{\mathrm{d}\boldsymbol{s}}{\mathrm{d}t} = \boldsymbol{F} \cdot \boldsymbol{v}. \tag{2.22}$$

从而我们得到：

$$\frac{\mathrm{d}E}{\mathrm{d}t} = \boldsymbol{F} \cdot \boldsymbol{v}. \tag{2.23}$$

于是就有这种概念，即在给定的瞬时，各重物具有某种速率，这样它们就都有了动能。它们离地面也有一定的高度，因而它们也具有了势能。为了求出它们的总能量，我们就要算出重物运动得多快以及它们位于何处，然后把总能量对时间求微商，结果就等于力在受这个力作用的物体即时的运动的方向上的分量与运动速率的乘积。

让我们来看看，是否可以把上述结论应用到我们的问题。

现在，当我们用力 $\boldsymbol{p} = -\boldsymbol{F}_\mathbf{R}$ 推动正以速度 $v_\mathbf{R}$ 运动的滚轴时，整个东西的能量相对时间的变化率，应该等于力的数值乘以速率 $F_\mathbf{R} v_\mathbf{R}$，因为在这种情况下，力和速度都处在相同的方向。它不是普适的公式；如果我曾要你们求的力是在某个别的方向，我就不可能直接根据这样的论证得到它，因为这个公式仅仅给了你做功的力的分量！（当然，由于你们可以知道沿杆子的力，所以你们能够间接得到这个式子。如果有若干连接着的杆子，这个方法仍然有用，你只要取运动方向上的力。）

总之，滚轴、枢轴及使这机器处于正确运动状态的所有其他机件，这些约束的力所做的全部功是多少？假定当它们开动时，由于没有别的力作用于它，那么它们就不做功。例如，若另一个人正坐在那里，把一条腿拉出去，而同时我把另一条腿推进去，则我必须把另一家伙做的功也一起计算进去！但是没有人做那种事，由于 $v_\mathbf{R} = 2$，我们得

$$\frac{\mathrm{d}E}{\mathrm{d}t} = 2F_\mathbf{R}. \tag{2.24}$$

这样，如果我能够算出 $\mathrm{d}E/\mathrm{d}t$，——除以 2，你瞧，就得到力！那就一切就绪。

准备好了吗？我们继续下去！

现在我们有了重物的总能量，它包括两部分——动能加势能。嗯，势能不难求得：它是 mgy（见表 2-3）。我们已经知道 y 等于 0.4 m，m 是 2 kg 以及 $g=$

9.8 m/s^2。所以势能为 $2\times9.8\times0.4=7.84$ 焦耳。这时的动能：嗯,经过尝试很多方法之后,我得到重物的速度,把它写成动能;我们将在只用 1 秒钟就解出这个问题。于是我因为有了总能量,因而一切就绪了。

遗憾的是我还没有考虑到所有问题：我要求的并不是能量！我要求的是能量对时间的微商,你们不可能通过算出某个东西此时是多少来求得它变化多快！你们或者算出两个相邻时刻——此刻及稍后一刻——的能量,或者用数学形式表示任意时刻 t 的能量,然后将它对 t 求微商。这取决于哪一种做法最容易：在数值上计算出两个位置的几何关系要比计算出普遍情况下的几何关系并将它微商要容易得多。

(大多数人都试图直接把一个问题写成数学形式,并对它微商,这是由于他们还没有足够的计算经验领会到用数字而不用文字进行计算的惊人能力及便利。不过,我们还是要用文字来计算。)

我们再次求解这个问题,这里 $x=t$,而 $y=\sqrt{0.25-t^2}$,所以我们能够求出它的微商。

现在我们需要知道势能。我们能很容易求得：它等于 mg 乘高度 y,于是得到

$$
\begin{aligned}
P.E. = mgy &= 2 \text{ kg} \times 9.8 \text{ m/s}^2 \times \sqrt{0.25-t^2} \cdot m \\
&= 19.6 \text{ 牛顿} \times \sqrt{0.25-t^2} \text{ 米} \\
&= 19.6\sqrt{0.25-t^2} \text{ 焦耳}
\end{aligned}
\tag{2.25}
$$

但更有趣也更难的是算出动能。动能为 $\frac{1}{2}mv^2$。为了算出动能,我需要算出速度的平方,这要做一大堆繁琐事：速度的平方等于它的 x 分量的平方加 y 分量的平方。我能够算出 y 分量,就像我前面做的一样。至于 x 分量,我已经指出它是 1,我可能已有这些量的平方并把它们加在一起。但是,假定我还没有做过这些计算,那么我还要想出另一种方法去求速度。

那么,对这个问题进行思考后,一个好的机械设计师通常能够根据几何学原理计算出这些并安排机器的部件。例如,因为枢轴是不动的,所以重物必然围绕它作圆周运动。那么重物的速度必定在什么方向？它不可能具有平行于杆子的速度,因为这样会改变杆的长度,对吗？因此速度矢量是垂直于杆子的

(见图 2 - 10)。

你们或许会对自己说,"喔! 我得学习那个诀窍!"

不! 这种诀窍仅对特殊类型的问题是有用的,在大多数情况下它是无效的。你们很少碰到恰巧要求绕固定点转动的某个物体的速度;没有规则说"速度垂直于杆子"或类似的东西。你们得尽可能经常使用常识。从几何学分析机械的一般概念在这里是很重要的——但不是任何特殊的规则。

现在我们知道了速度的方向。我们已经知道的速度的水平分量为 1,因为它是滚轴速率的一半。但是你看! 速度是直角三角形的斜边,该三角形与以杆子为斜边的直角三角形相似! 求速度的数值并不比求它对其水平分量的比值更困难。我们可以从我们已经完全知道的其他三角形得到该比值(见图 2 - 11)。

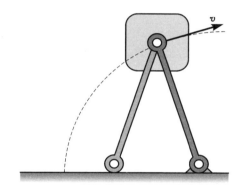

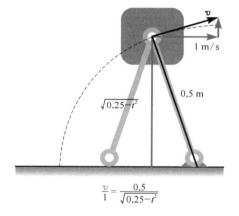

图 2 - 10 重物作圆周运动,所以它的
速度垂直于杆子

图 2 - 11 利用相似三角形求重物的速度

最后,关于动能,我们得到

$$K.E. = \frac{1}{2}mv^2 = \frac{1}{2} \times 2\ \text{kg} \times \left(\frac{0.5}{\sqrt{0.25 - t^2}}\ \text{m/s} \right)^2 = \frac{1}{1 - 4t^2}\ (\text{焦耳}).$$

(2.26)

现在,谈谈符号的问题:动能肯定为正,由于我们测量的距离是对地面而言的,所以势能也为正,现在我所用的符号都完全正确。因而在任何时刻的能量为

$$E = K.E. + P.E. = \frac{1}{1-4t^2} + 19.6\sqrt{0.25-t^2}. \qquad (2.27)$$

现在,为了用这种诀窍求力,我们需要对能量求微商,然后除以 2,这样就一切都准备好了。"我用这种方法解这个问题表面上显得很容易,其实这是假象:我发誓,在我得到正确答案之前我做了不止一次。"

现在我们把能量对时间求微商。我不必为此事花太多的时间,我认为你们现在都已知道如何求微商,所以我们就直接给出 dE/dt 的答案(顺便提及,它是所需力的 2 倍。)

$$\frac{dE}{dt} = \frac{8t}{(1-4t^2)^2} - \frac{19.6t}{\sqrt{0.25-t^2}}. \qquad (2.28)$$

这样,我就全部完成了:我只要把 0.3 代入 t,就完成了。不过,还没完——为得到正确的符号获得正确,我必须使用 $t=-0.3$:

$$\left.\frac{dE}{dt}\right|^{*}_{(-0.3)} = -\frac{2.4}{0.4096} + 19.6 \times \frac{0.3}{0.4} \approx 8.84(瓦). \qquad (2.29)$$

现在我们来看看这结果是否有意义。如果没有运动,那我不必为动能操心,于是重物的总能量仅仅是它的势能,而它的微商应为重量产生的力①。确实如此,这里所得结果与我们在第一章中计算的结果相同,都是 $2 \times 9.8 \times \frac{3}{4}$。

(2.29)式右边第一项为负,这是因为重物正在减速,所以它正在失去动能;第二项为正是由于重物正在上升,所以势能正在增加。无论如何,它们的符号彼此相反,这是我要知道的全部东西,而你们可以代入数值,果然,所得到的力与前面得到的相同:

$$2F_R = \frac{dE}{dt} \approx 8.84, \qquad (2.30)$$

$$F_R \approx 4.42(牛顿).$$

---

* 原文为$\frac{dE}{dt}(-0.3)$。——译者注

① 能量相对于滚轴位置的微商就是作用于滚轴上力的数值,然而,由于在这个特殊问题中滚轴的位置为 $2t$,所以能量对 t 的微商就等于作用在滚轴上的力的 2 倍。

实际上,这就是我为什么一定要做这许多次的原因:在我第一次做这题后,对我的错误答案心满意足,我决定用另一种完全不同的办法试试。我用另一种办法做了以后,又满足于完全不同的答案!当你们辛苦地工作时,你们有时会想:"至少,我已经发现数学是前后矛盾的!"但是很快你们就发现了错误,正如我最后做的那样。

无论如何,这正是解这问题的两种方法。解任何具体问题不是只有唯一的一种方法。随着智力越来越强大,你们能够找到工作量少而又少的方法,但是这需要实践经验[①]。

2-8 地球的逃逸速度

我剩下的时间不多了,但我要讲的下一个问题是涉及行星运动的一些事情。由于这次我肯定不能告诉你们关于这个问题的所有事情,我还要重新回到这个问题上来。第一个问题是,一个物体脱离地球表面需要多大的速度?某个物体必须运动得多快才能刚好摆脱地球引力?

现在,求解这个问题的一种方法是计算物体在引力作用下的运动,另一种方法是利用能量守恒。当物体到离开地球无穷远处时,其动能为零,而势能是它在无穷大距离处定义的值。引力势的公式列在表2-3中,它告诉我们,在无穷远处质点的势能为零。

所以当某个物体以逃逸速度离开地球时,其总能量必须与其到达无穷远处、并且地球的引力将它的速度减慢至零的能量相同。(假定不存在其他的力。)如果 M 是地球的质量,R 是地球的半径,以及 G 是万有引力常数,则我们求得逃逸速度的平方必定为 $2GM/R$。

$$(K.E.+P.E.)_{(在\infty,\ v=0)} \underset{(能量守恒)}{=} (K.E.+P.E.)_{(在R处,\ v=v_{esc})}$$

$$P.E._{(在\infty)} = -\frac{GMm}{\infty} = 0 \qquad P.E._{(在R处)} = -\frac{GMm}{R}$$

$$K.E._{(v=0)} = \frac{m}{2}0^2 = 0 \qquad K.E._{(v=v_{esc})} = \frac{mv_{esc}^2}{2}$$

$$+ \underline{\qquad\qquad\qquad} \qquad\qquad + \underline{\qquad\qquad\qquad}$$

---

① 关于解这问题的另外三种方法,参见补充题解,从78页开始。

$$0 = \left(-\frac{GMm}{R} + \frac{mv_{\text{esc}}^2}{2} \right)$$

$$\therefore v_{\text{esc}}^2 = \frac{2GM}{R}. \tag{2.31}$$

重力常数 g（地球表面附近的重力加速度）正好就是 GM/R^2，由力的定律可知，对质量为 m 的物体，$mg = GMm/R^2$。用较容易记忆的重力常数来表示，我可以写出 $v_{\text{esc}}^2 = 2gR$。此地，$g = 9.8$ m/s²，地球半径为 6 400 km，所以地球的逃逸速度为

$$v_{\text{esc}} = \sqrt{2gR} = \sqrt{2 \times 9.8 \times 6\,400 \times 1\,000} = 11\,200 \text{ (m/s)}. \tag{2.32}$$

所以若要逃逸出去，你们必须达到 11 km/s 的速度——相当快的速度。

接下来我们要讨论如果你们达到 15 km/s 的速度，并且你们正从某个距离处飞过地球，那时将会发生些什么。

现在物体有 15 km/s 的速度，就有了足够的能量可以一直向上飞离地球。但是如果物体不是笔直向上飞，它是不是一定会飞离地球呢？物体是否可能围地球运动并返回呢？这不是自明的问题；要仔细想想。你们说，"它有足够的能量飞出去，"但是你怎样知道的？我们没有计算那个方向的逃逸速度。是否可能由于地球引力产生的横向加速度足以使得物体作环绕运动呢（见图 2 - 12）？

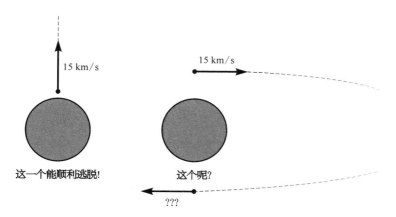

图 2 - 12 具有了逃逸速度就保证能够逃逸吗

原则是可能的。你们知道有这样一条定律：物体在相等的时间内扫过相等的面积。所以你们明白当你们飞出很远时，你们必定由于某种原因或别的因素

而做横向运动。不清楚你们需要逃逸的某种运动是否有横向运动,以致即使具有 15 km/s 的速度还是不会逃逸。

实际发现,物体达到 15 km/s 时一定逃逸了——只要速度大于上面算出的逃逸速度,它就要逃逸。只要它能够逃逸,它肯定会逃逸——虽然这不是自明的——下次我将试着去证明它。但为了给你们一点我将如何论证的启示,因此你们可以自己做做看。下面是一些提示。

我们在 A、B 两点用能量守恒。a 是物体离地球最短的距离,而 b 是物体离地球最长的距离,如图 2-13 所示,问题是试计算 b。由于能量守恒,我们已知物体在 A 点的总能量与在 B 点的总能量相同,所以如果我们知道了物体在 B 点的速度,就能算出它的势能,从而求出 b。但我们不知道物体在 B 点的速度!

我们再计算:根据在相等的时间内扫过相等面积这个定律,我们就知道物体在 B 处的速率必定以一定的比例小于 A 处。实际上就是 a 比 b。利用这个事实就得到在 B 点的速率。我们有可能根据 a 求得距离 b,我们下次再来求它。

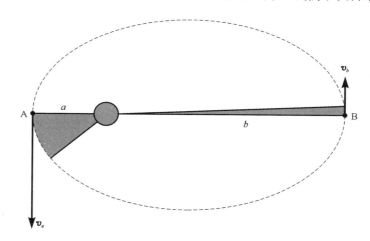

图 2-13　人造卫星在近日点和远日点的距离和速度

补充题解(由迈克尔 A. 戈特利勃提供)

这里提供求解在(2-7 节)讲到的机械设计问题(66 页开始)的另外三种方法。

A　用几何方法求重物的加速度
由于重物在水平方向始终处于滚轴和枢轴之间一半的位置,所以它的水平速率是 1 m/s，即滚轴速率的一半。重物沿着圆周运动（以枢轴为中心），所以其速度垂直于杆子。由相似三角形我们得到重物的速度（见图 2-14a）。

由于重物作圆周运动，所以按照(2.17)式，它的加速度的径向分量为

$$a_{\mathrm{rad}} = \frac{v^2}{r} = \frac{(1.25)^2}{0.5} = 3.125.$$

重物垂直方向的加速度是它的径向分量及法向分量之和（见图 2-14b）。

再次利用相似三角形，我们得到重物垂直方向的加速度：

$$a_y = \frac{a_y}{a_{\mathrm{rad}}} \times a_{\mathrm{ard}} = \frac{0.5}{0.4} \times 3.125 = 3.90625.$$

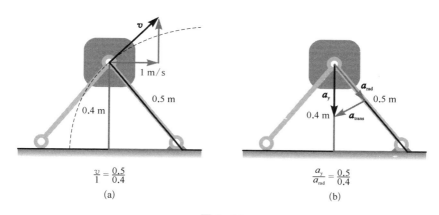

图 2-14

B 利用三角学求重物加速度

由于重物沿半径为 $\frac{1}{2}$ 的圆弧运动，所以它的运动方程可以用杆子与地面的夹角来表示（见图 2-15）：

$$x = \frac{1}{2}\cos\theta,$$

$$y = \frac{1}{2}\sin\theta.$$

重物的水平速率为 1 m/s（滚轴速率的一半）。所以 $x = t$，$\dfrac{\mathrm{d}x}{\mathrm{d}t} = 1$，以及 $\dfrac{\mathrm{d}^2 x}{\mathrm{d}t^2} =$

0，垂直方向的加速度可以由 y 对 t 两次微商算出。但是首先，由于 $t = \dfrac{1}{2}\cos\theta$，所以

$$\frac{\mathrm{d}\theta}{\mathrm{d}t} = -\frac{2}{\sin\theta}.$$

因此

$$\frac{\mathrm{d}y}{\mathrm{d}t} = \frac{1}{2}\cos\theta \cdot \frac{\mathrm{d}\theta}{\mathrm{d}t} = \frac{1}{2}\cos\theta\left(-\frac{2}{\sin\theta}\right) = -\operatorname{ctg}\theta,$$

$$\frac{\mathrm{d}^2 y}{\mathrm{d}t^2} = \frac{1}{\sin^2\theta} \cdot \frac{\mathrm{d}\theta}{\mathrm{d}t} = \frac{1}{\sin^2\theta}\left(-\frac{2}{\sin\theta}\right) = -\frac{2}{\sin^3\theta}.$$

当 $x = t = 0.3$ 时，得 $y = 0.4$，$\sin\theta = 0.8$（因 $y = \dfrac{1}{2}\sin\theta$）。于是垂直方向加速度的量值为

$$a_y = \left|\frac{\mathrm{d}^2 y}{\mathrm{d}t^2}\right| = \frac{2}{(0.8)^3} = 3.906\ 25.$$

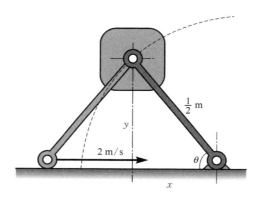

图 2-15

C 利用转矩和角动量求作用在重物上的力

作用在重物上的转矩 $\tau = xF_y - yF_x$。重物以 1 m/s 的速率在水平方向匀速运动，所以不存在水平方向的作用力：$F_x = 0$。设 $x = t$，则转矩简缩为 $\tau = tF_y$。由于转矩是角动量对时间的微商，所以如果求得了重物的角动量 L，则我们就能

对它求微商,再除以 t 就得到 F_y:

$$F_y = \frac{\tau}{t} = \frac{1}{t} \cdot \frac{\mathrm{d}L}{\mathrm{d}t}.$$

因为重物作圆周运动,所以它的角动量很容易求得。它的角动量简单地为杆子的长度 r 乘以重物的动量,而它的动量等于它的质量 m 乘上速率 v,速率可用费曼的几何方法求得(见图 $2-16$),或者对重物的运动方程求微商求得。

总合起来我们得:

$$F_y = \frac{1}{t} \frac{\mathrm{d}L}{\mathrm{d}t} = \frac{1}{t} \frac{\mathrm{d}}{\mathrm{d}t}(rmv) = \frac{rm}{t} \frac{\mathrm{d}}{\mathrm{d}t}\left(\frac{0.5}{\sqrt{0.25-t^2}}\right)$$

$$= \frac{0.5 \times 2}{t} \cdot \frac{0.5t}{(0.25-t^2)^{3/2}} = \frac{4}{(1-4t^2)^{3/2}}.$$

当 $t = 0.3$,我们得 $F_y = 7.8125$。除以 $2\ \mathrm{kg}$ 给出我们求出我们以前得到过的垂直方向加速度: 3.90625。

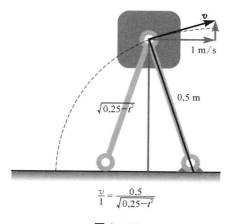

图 2 - 16

3 习题及解答

复习课 C

我们继续复习如何通过做一些习题来学习物理。我这里所选的习题都是精心设计的、复杂法的并且是困难的,我把容易些的习题留给你们自己去做。我也有所有教授都有的毛病——就是似乎永远不会有足够的时间,我想出了肯定比我们来得及做的更多的习题。因此我试图加快速度,为此,先把某些东西写在黑板上,并带着每位教授都有的错觉:如果他讲更多的东西,他就教给学生更多的东西。当然,人脑吸收材料的速率是有限的,然而我们还是会忽视这种现象。我们会不顾这些而讲得太快。所以,我想尽量讲得慢一点,并看看我们可以讲多少。

3-1 卫星运动

我们上次讲到的最后一个问题是卫星的运动。我们曾讨论这样的问题,若一个质点作垂直于太阳、行星或任何质量为 M 的物体的半径的运动,它们的距离为 a,且具有在此距离处的逃逸速度,则该质点实际上是否能逃逸——因它不是不证自明的。如果质点是沿半径方向一直向外运动的,则它应该会逃逸;但如果它开始时沿垂直半径方向运动,那它是否逃逸是另一个问题(见图3-1)。

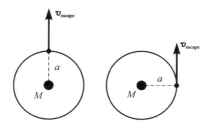

图 3-1 逃逸速度沿着半径指向和垂直于半径的情况

结果发现——如果我们还记得开普勒定律,再加上另外一些定律,如能量守恒定律——那么我们就能够算出要是质点不逃逸,它会作椭圆运动,而且我们能算出它将达到多远的地方,这就是我们现在要做的事情。如果该椭圆的近日点是 a,那其远日点 b 有多远?(顺便说说,我想把这问题写在黑板上,但是我发现我不会拼写近日点,见图 3-2。)

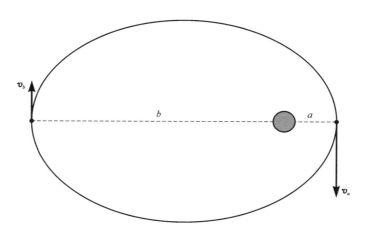

图 3-2 椭圆轨道上人造卫星的近日点及远日点处的速度和距离

上次我们根据能量守恒算出了逃逸速度(见图 3-3)。

$$K.E. + P.E._{a处} = K.E. + P.E._{\infty处},$$

$$\frac{m}{2}v_{esc}^2 - \frac{GmM}{a} = 0 + 0,$$

$$\frac{v_{esc}^2}{2} = \frac{GM}{a}, \qquad (3.1)$$

$$v_{esc} = \sqrt{\frac{2GM}{a}}.$$

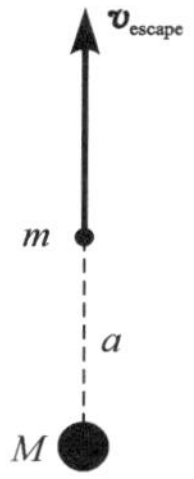

图 3-3 距离质量为 M 的物体 a 处的逃逸速度

现在,这是在半径 a 处的逃逸速度公式。但是假定速度 v_a 是任意的,而我们来求由 v_a 表示的 b。能量守恒告诉我们,质点在近日点的动能和势能必定等于它在远日点的动能和势能——这样我们就能利用它来计算 b,一眼就看出:

$$\frac{1}{2}mv_a^2 - \frac{GmM}{a} = \frac{1}{2}mv_b^2 - \frac{GmM}{b}. \qquad (3.2)$$

Infelizmente①,我们却没有 v_b,所以除非存在某种外部机制或者经分析而得出 v_b,否则我们永远无法从(3.2)式求出 b。

但是如果我们记得开普勒的等面积定律,那么我们就知道,在给定的时间间隔内,在远日点扫过的面积和在近日点扫过的面积相等;在短时间间隔 Δt 内,质点在近日点通过距离 $v_a\Delta t$,所以它扫过的面积约为 $a \cdot v_a\Delta t/2$,而在远日点,质点经过的距离 $v_b\Delta t$,扫过的面积约为 $bv_b\Delta t/2$,"面积相等"意指 $av_a\Delta t/2$ 等于 $bv_b\Delta t/2$——这意味着速度与半径反比地变化(见图 $3-4$)。

$$av_a\Delta t/2 = bv_b\Delta t/2,$$

$$v_b = \frac{a}{b}v_a. \tag{3.3}$$

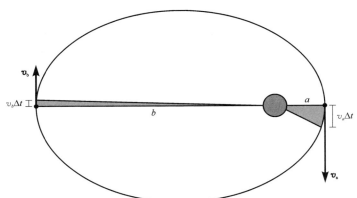

图 3-4 利用开普勒等面积定律求卫星在远日点的速度

于是,上式给了我们由 v_a 表示的 v_b 的公式。我们可以将其代入(3.2)式。因而我们就有一个确定 b 的方程:

$$\frac{1}{2}mv_a^2 - \frac{GmM}{a} = \frac{1}{2}m\left(\frac{a}{b}v_a\right)^2 - \frac{GmM}{b}. \tag{3.4}$$

两边除以 m,再重新排列,我们得

$$\frac{1}{2}a^2v_a^2\left(\frac{1}{b}\right)^2 - GM\left(\frac{1}{b}\right) + \left(\frac{GM}{a} - \frac{1}{2}v_a^2\right) = 0. \tag{3.5}$$

_____

① 巴西的葡萄牙语的"不幸"。

你若仔细看一下(3.5)式,可能会说"好,我可以用 b^2 去乘,于是上式就变为 b 的二次方程。"或者,如果你们喜欢,就像原来这样,解 $\frac{1}{b}$ 的二次方程——两种方法都行。$\left(\frac{1}{b}\right)$ 的解为:

$$\frac{1}{b} = \frac{GM}{a^2 v_a^2} \pm \sqrt{\left(\frac{GM}{a^2 v_a^2}\right)^2 + \frac{v_a^2/2 - GM/a}{a^2 v_a^2/2}}$$

$$= \frac{GM}{a^2 v_a^2} \pm \left(\frac{GM}{a^2 \cdot v_a^2} - \frac{1}{a}\right). \tag{3.6}$$

此后我不再讨论这个代数式;你们知道如何解二次方程,并且 b 存在两个解:可以发现其中一个解是 b 等于 a——这令人高兴,因为如果你们考察(3.2)式就会看到,显然 b 等于 a 时方程将相等。(这意味着 b 就是 a。)根据另一个解,得到用 a 表示的 b 的公式,把它写下:

$$b = \frac{a}{\dfrac{2Gm}{a v_a^2} - 1}. \tag{3.7}$$

现在的问题是,我们是否可用这样的方式来写上式,即使得 v_a 与距离 a 处的逃逸速度的关系能够明显看出。注意到由(3.1)式,$2GM/a$ 就是逃逸速度的平方,所以我们可把上式写成如下形式:

$$b = \frac{a}{(v_{\text{esc}}/v_a)^2 - 1}. \tag{3.8}$$

这就是最后的结果,相当有意思,首先假定 v_a 小于逃逸速度。在这种情况下,我们预料质点不会逃逸,所以我们会得到合理的 b 值。果然,要是 v_a 小于 v_{esc},则 v_{esc}/v_a 大于1,其平方也大于1,减去1,你们就得到某个合理的位置数值,a 除以该数就告诉我们 b。

粗略估计我们分析的精确程度,一个好的办法是利用我们在第九次讲课①中对轨道所做数值计算,其中的 b 和我们从(3.8)式中所求出的 b 是否一致。它

---

① 参见《费曼物理学讲义》第1卷9-7节。

们为什么不完全一致？当然不会相同，因为积分的数值方法是用不连续的小段来代替连续的时间。所以它不是精确的。

无论如何，这就是当 v_a 小于 v_{esc} 时如何求 b 的方法。[顺便说说，知道 b 和 a 后，我们就知道了椭圆的半长轴，要是愿意我们就能根据（3.2）式算出轨道周期。]

但有趣的事情是：首先假定，v_a 精确等于逃逸速度，那么 v_{esc}/v_a 为 1，而（3.8）式告诉我们 b 为无穷大。这意味着轨道不是椭圆；这表示轨道延伸到无穷远。（可以证明，在这种特殊情况下，轨道是一抛物线。）所以事实是，不论你们在靠近一颗恒星或行星的任何地方，也不论你们朝什么方向运动，只要你们具有逃逸速度，你们就会逃逸，完全正确——即使你们不是朝着正确的方向，你们也不会被捕获。

还有一个问题是，如果 v_a 超过逃逸速度会发生什么情况？那时 v_{esc}/v_a 小于 1，结果 b 为负——那并不表示什么，只表示没有实际的 b。从物理意义上来讲，答案更像是这个样子：粒子以非常高的速度，比逃逸速度高得多，射入并被偏转——但它的轨道不是椭圆。实际上它的轨道是双曲线。所以围绕太阳运动的物体的轨道不只是椭圆，像开普勒所认为的那样。但对于以较高速率运动物体，其轨道的一般情况包括椭圆、抛物线及双曲线。（在这里我们不去证明它们是椭圆、抛物线或双曲线，但这就是这个问题的答案。）

3-2 原子核的发现

双曲线轨道的问题是有趣的，具有很有意义的历史上的应用。我很愿意把它介绍给你们；这在图3-5中阐明。我们选取非常高的速率及相对小的力这种极限情况，那就是，物体如此快地通过，一级近似下它沿直线运动（参见图3-5）。

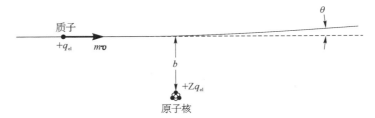

图 3-5 当一个高速质子通过原子核附近时，它因受到电场作用而偏转

　　我们假设原子核带有电荷$+Zq_{el}$（这里$-q_{el}$是电子电荷），一带电粒子——按照你自己的条件，可以用某种离子也一样（最初是用α粒子）——从它附近距离b处通过，我们可以用质子，其质量为m，速度为v，电荷为$+q_{el}$（对于α粒子，其电荷就是$+2q_{el}$）。质子并不完全沿直线通过，而是偏转一个很小的角度。问题是该角度是多少？现在，我们不准备作精确计算，而是做粗略的估计——借以获得角度如何随b而变化的某些概念。（我作非相对论性的讨论，虽然考虑相对论计算也同样简单——只有很小的改变，你们可以自己去计算。）显然，b越大，偏转角就越小。问题是，偏转角是随b的平方减少，或者立方，或者b，还是别的什么次方？我们希望得到有关这方面的一些概念。

　　（其实，这是你着手处理任何复杂或不熟悉的问题如何着手的方法问题：你们首先获得一个粗略的概念；然后在你们对它了解得较多后再回过头来，并更仔细地去解这个问题。）

　　所以最初的粗略分析会遇到像这样的事情：当质子飞过时，它受到来自核的侧向力的作用——当然，也有其他方向的力，是侧向力使它偏转，不再沿原来的直线方向前进，现在它有了向上的速度分量。换句话说，它获得了力的作用产生的、在力的方向上的一些向上的动量。

　　现在要问，向上的力有多大？嗯，它沿质子运动路径变化。但粗略地估计它或多或少依赖于b，而最大的力（当质子通过中心位置时）为

$$\text{垂直方向的力} \approx \frac{Zq_{el}^2}{4\pi\epsilon_0 b^2} = \frac{Ze^2}{b^2}. \tag{3.9}$$

（我用e^2代替$\dfrac{q_{el}^2}{4\pi\epsilon_0}$，所以我就可以写方程式快一些[①]。）

　　如果我知道力作用时间有多长，那么我就能估计出它传送的动量。力作用了多长时间呢？嗯，质子离在一英里以外不受到力的作用。但是，粗略地讲，只要质子和原子核处在通常邻近距离上，就有通常量级的力对它作用。多远？距离原子核b的范围以内通过时就有或大或小的力？所以力的作用时间就是距离b的数量级除以速率v（见图3-6）。

---

　　① 这种历史上的习惯已在《费曼物理学讲义》第1卷32-2节作过介绍。今天，字母e在本课文中特地保留表示电子的电量。

$$时间 \approx \frac{b}{v} \tag{3.10}$$

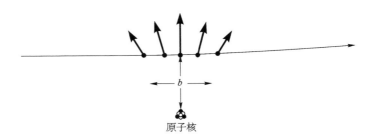

图 3-6　原子核的电力对质子的有效作用
时间正比于它们之间的最近距离

　　牛顿定律告诉我们,力等于动量的变化率——所以,要是我们把力乘以其作用的时间,就得到动量的改变。因此,质子获得的垂直方向的动量为

$$垂直方向的动量 = 垂直方向的力 \times 时间$$

$$\approx \frac{Ze^2}{b^2} \cdot \frac{b}{v} = \frac{Ze^2}{bv}. \tag{3.11}$$

上式并不精确成立;归根到底,当我们对这种情况作精确积分时,就可能出现2.716这种或其他数字因子——至于现在,我们只是试图求出依赖于各个字母所代表的物理量的数量级。

　　当粒子离开时具有的水平方向的动量,实际上与它入射时的动量相同,其为 mv:

$$水平方向的动量 = mv. \tag{3.12}$$

(如果考虑到相对论,这是你需要改变的唯一的东西。)

　　现在要问:偏转角是多少? 我们知道"向上"的动量是 Ze^2/bv,"横向"动量是 mv,而向上动量对"横向"动量的比就是偏转角的正切——或者,因为偏转角是如此小,事实上就是角度本身(见图 3-7)。

$$\theta \approx \frac{Ze^2}{bv} \Big/ mv = \frac{Ze^2}{bmv^2}. \tag{3.13}$$

(3.13)式表明偏转角如何依赖于速度、质量、电荷及所谓的"碰撞参量"——

图 3 - 7　质子动量的水平分量与垂直分量决定了偏转角

距离 b。当你通过积分来实际计算 θ，而不只是估计，就会发现确实少了一个数值因子，这个因子精确地为 2。我不知道你们求积分是否达到这样的水平：如果你们不会计算，不要紧；因为它不是最重要的，正确的角度为

$$\theta = \frac{2Ee^2}{bmv^2}. \tag{3.14}$$

［实际上，你们能够对任何双曲线轨道精确地求出这个公式，但不必介意：你们能够懂得关于这种小角度情况的各个方面。当然，当角度达到 30° 或 50° 时，(3.14)式就不正确了，那是由于我们所作的近似太粗糙了。］

　　现在介绍一个在物理学史上非常有意义的应用——它就是卢瑟福发现原子有原子核的方法。他有一个很简单的想法：通过安排一种装置，其中从放射性源出射的 α 粒子通过一条狭缝——因而他知道 α 粒子在确定方向上行进——并使它们撞击到硫化锌屏上，他就能在狭缝正后方看到许多闪烁的亮点，但若在狭缝和屏之间插入一片金箔，那么闪烁的亮点有时就会出现在别的地方（见图 3 - 8）。

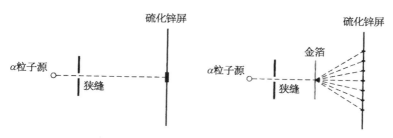

图 3 - 8　卢瑟福 α 粒子的偏转实验，导致了原子核的发现

　　显然，其原理是 α 粒子经过金箔中很小的原子核旁边时被偏转了。通过测量偏转角并反过来应用(3.14)式，卢瑟福就可以得到距离 b，即产生非常大的偏转的距离。极其令人诧异的是这些距离比一个原子小了许许多多。在卢瑟福做实验之前，人们相信原子的正电荷并非集中在中央一点，而是均匀地分布在原子

中。在这种情况下,α 粒子完全不可能受到造成所观察到的偏转所需的足够大的力的作用。因为假如它在原子的外面,它就不会和电荷如此靠近;而要是在原子内部,那么在它上面和下面都会有同样多的电荷,因而不会产生足够的力。大的偏转角显示原子内部有强大电力源。于是猜想到必定存在一个带有全部正电荷的中心点。通过观察最远的偏转,以及它们产生的次数,人们就能够得到 b 可能是多小的估计,并最后得到原子核的大小——发现原子核的尺度比原子的尺度小 10^{-5} 倍! 这就是发现原子核存在的历程。

3-3   基本火箭方程

现在我要谈的下一个问题完全不同:它与火箭的推进有关。我们先让火箭漂浮在空间——完全不考虑引力及其他影响。火箭装有大量燃料;它装备了某种类型的发动机,发动机向后喷出燃料——从火箭的观点而言,它总是以相同的速率向后喷射燃料。它不会一会儿打开一会儿关闭。我们开动它以后,它就不断向后喷出物质直到用完为止。我们将假设物质以喷出率 μ(每秒喷出的质量)喷出,喷出时的速度为 u(见图 3-9)。

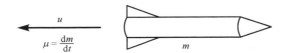

图 3-9   火箭质量为 m,燃料喷出率为 $\mu = \mathrm{d}m/\mathrm{d}t$,燃料喷出速度为 u

你们或许会说:"这些不都是同样的东西吗? 你知道质量/每秒,那不就是速度吗?"

不。我可以准备大量材料而每次均匀地把它排放出去,就可以做到每秒钟抛出一定数量的物质,或者我可以取同样质量的物体,每次抛出一个。所以你们看到它们是两个不同的概念。

现在的问题是,过了一段时间后火箭将达到多大的速度? 例如假定它消耗完了它重量的百分之九十的燃料:这就是说,当它最后用完全部燃料时,它留下的外壳质量是它出发前荷载的全部质量的十分之一,试问火箭获得多大的速度?

任何思维正常的人会说,火箭获得比速度 u 更快的任何速度是不可能的。你们立刻就会明白,这种说法是不正确的。或许你们会说,那完全是显而易见的啊;很好,完全正确,但实际上它之所以正确是由于下面的原因。

让我们考察任意时刻的火箭,它可以以任意速率运动。如果我们跟随着火箭一同运动,并观察一段时间 Δt,我们看到什么呢? 嗯,有一定质量 Δm 的物质离开——它等于火箭的喷出率 μ 乘时间 Δt,这些质量离开的速度为 u(见图 3-10)。

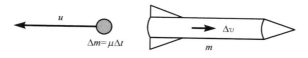

图 3-10 通过喷射出速度为 u 的质量 Δm,火箭在 Δt 的时间间隔内增加了速度 Δv

现在,这些质量向后抛出后,火箭向前运动增加多少呢? 在它向前运动的速率必须满足总动量守恒。也就是说,它将以这样的方式获得一点速率 Δv,即如果火箭的壳体和剩余燃料在这瞬时的质量为 m,那么 m 乘 Δv 就应与这段时间向外抛射的动量,即 Δm 乘 u,相等。这就是火箭理论的全部内容;基本火箭方程是:

$$m\Delta v = u\Delta m. \tag{3.15}$$

我们可以用 $\mu\Delta t$ 代替 Δm,稍加推演,就可求出火箭达到给定速度要花多长时间[①],但我们的问题是求出最后速度,而我们可以直接从(3.15)式来求:

$$\frac{\Delta v}{\Delta m} = \frac{u}{m},$$

$$\mathrm{d}v = u\frac{\mathrm{d}m}{m}. \tag{3.16}$$

为了求出火箭从静止出发,最后达到的速度,你们对 $u(\mathrm{d}m/m)$ 从初始质量到最后质量求积分。现在 u 假定为常数,所以可把它提到积分号外,因而我们得

$$v = u\int_{m_{初}}^{m_{末}} \frac{\mathrm{d}m}{m}. \tag{3.17}$$

$\mathrm{d}m/m$ 的积分,你们也许知道,也许不知道。让我们假定你们不知道。你们

---

① 如果火箭在 $t=0$ 时出发,质量 $m=m_0$,$\mu=\mathrm{d}m/\mathrm{d}t$ 是常数,于是 $m=m_0-\mu t$,(3.16) 式变为 $\mathrm{d}v=u\mu\,\mathrm{d}t/(m_0-\mu t)$。积分得 $v=-u\ln[1-(\mu t/m_0)]$。解出 t 就是达到速率 v 所需的时间:$t(v)=(m_0/\mu)(1-\mathrm{e}^{v/u})$。

说,"1/m 是一个如此简单的函数,所以我一定要知道它的微商:我会不停地尝试直到求出它为止。"

但是你们发现找不到任何简单函数——用 m 表示的、用 m 的乘方以及这一类的函数,你们对这些函数进行微商时会给出 $1/m$。所以不知道用哪种方法时,我们要用另外的方法去做。这里我们要用数值积分来求它。

记住:每当你被数学分析难住时,你总能够用算术的方法来做。

3-4 数值积分

让我们假定初始质量为 10,并取简单近似,即每一次丢掉一个单位质量。进一步按以 u 为单位测量所有的速度。因为这样我们就简单地得到 $\Delta v = \Delta m/m$。

我们想要求得累积的总速度。那好,让我们看看,在第一次抛弃一个单位的质量后获得了多少速率?这很容易,它是

$$\Delta v = \frac{\Delta m}{m} = \frac{1}{10}.$$

但这不完全对,因为在你们吐出一个单位质量的时候,反作用的质量不是 10;当你们把一个单位质量全部喷出后,它只剩 9。你们看,Δm 被射出去后,火箭的质量只有 $m - \Delta m$,所以最好把上式写成

$$\Delta v = \frac{\Delta m}{m - \Delta m} = \frac{1}{9}.$$

但这还是不完全正确。如果火箭真的是一团一团地抛出物质,上式就是对的,但它不是——它是连续地抛出物质。在一开始,火箭的质量是 10,在放出一个单位质量的末尾,它的质量仅为 9——所以平均起来,它大致上是 9.5。在第一个单位质量抛出的时间内,我们说质量 $m = 9.5$ 是反抗 $\Delta m = 1$ 的有效平均惯性质量,所以火箭得到一个等于 $\frac{1}{9.5}$ 的反冲 Δv:

$$\Delta v \approx \frac{\Delta m}{m - \Delta m/2} = \frac{1}{9.5}.$$

把这些有一半的数值放进去是有好处的,因为你们只需较少步骤就得到高

的精度。当然它仍然不是精确的。如果我们想做得更仔细一些,可以用一团较小的物质,像 $\Delta m = \dfrac{1}{10}$,并作更多的分解。但是我们这里做得粗糙一些,用 $\Delta m =1$,再继续做下去。

现在火箭的质量只有9,从火箭后部抛出另一个单位质量,我们求得下一个 Δv 为…1/9吗?不! …1/8?不!它应该是 $\Delta v = 1/8.5$,因为质量从 9 到 8 一直是连续变化的,所以它平均大约是 8.5。对于下一个单位质量,我们得 $\Delta v =1/7.5$。从而我们发现答案是 1/9.5、1/8.5、1/7.5、1/6.5。嗒、嗒、嗒…——直到末尾。最后一步,从 2 个单位质量降到 1 个单位,平均质量为1.5,最后剩下一个单位质量。

最后,我们计算所有这些比率,(只要一会儿,这些数值都是简单的数,不难把它们计算出来。)只要把它们都加起来就得到答案 2.268。它表示火箭获得的最后速度比燃料的排出速度 u 快2.268倍。那就是这个问题的答案——仅此而已!

$$
\begin{array}{ll}
1/9.5 & 0.106 \\[4pt]
1/8.5 & 0.118 \\[4pt]
1/7.5 & 0.133 \\[4pt]
1/6.5 & 0.154 \\[4pt]
1/5.5 & 0.182 \\[4pt]
1/4.5 & 0.222 \qquad v \approx 2.268u. \qquad (3.18) \\[4pt]
1/3.5 & 0.286 \\[4pt]
1/2.5 & 0.400 \\[4pt]
1/1.5 & \underline{0.667} \\[4pt]
 & 2.268
\end{array}
$$

现在你们或许会讲,"我不喜欢这里的精度——这结果有点草率。下面的讲法就非常好,'在第一步中,质量从 10 变到 9,所以它大约是 9.5。'但在最后一步,它从 2 变到 1,而你把整个过程取平均值1.5。把最后一步分得更细,每一次抛出半个质量单位,因此得到稍微好一点的精度。这样做不是更好吗"?（这是计算方法上的技术问题。）

让我们看看,第一次半个单位的质量抛出去的时候,火箭质量从 2 降到 1.5,平均为 1.75,所以我们对公式 $\dfrac{\Delta m}{m}$ 取 $\dfrac{1}{1.75}$ 乘以半个单位。然后我对第二个半个单位用同样的方法,质量从 1.5 降到 1,平均值为 1.25:

$$\Delta v \approx \frac{0.5}{(2+1.5)/2} + \frac{0.5}{(1.5+1)/2} = \frac{0.5}{1.75} + \frac{0.5}{1.25} = 0.686.$$

所以你们能够在最后一步做一些改进——你们也可以用同样的方法改进其余全部系数,如果你们不怕麻烦——Δv 用 0.686 代替 0.667,这意味着我们前面的答案稍为低了点。你们算出好一些的结果,$v \approx 2.287u$。最后所得的数字实际上也不可靠,但我们的估算是很接近了,精确的答案是离 2.3 不远。

现在我必须告诉你们,由于积分 $\displaystyle\int_1^x \mathrm{d}m/m$ 是一个如此简单的函数,它在许多问题中出现,所以人们已经把它制成了一个表,并给它取了个名字：称为自然对数,$\ln(x)$。如果你们恰巧在一个自然对数表中看到 $\ln(10)$,你们会发现它实际上是 2.302 585：

$$v = u \int_1^{10} \frac{\mathrm{d}m}{m} = \ln(10)u = 2.302\,585u. \tag{3.19}$$

你可以用我们使用的相同技巧获得许多精确的数字,这种技巧提供你们用更精细得多的间隔像 $\Delta m = \dfrac{1}{1\,000}$ 等来代替 1——而这正是已经做过的事情。

不管怎样,我们很快就做得非常好了,无须知道什么,也不需要查表。所以我反复强调,在紧急情况下,你们总能够用算术的方法做计算。

3-5　化学火箭

现在,火箭推进的问题是很有趣的。首先,你们会注意到,火箭最终达到的速率正比于排出气体的速率 u。因此所有的努力都用在尽可能快地排出气体。如果你们使过氧化氢和这种及那种燃料燃烧,或者使氧和氢或某些东西燃烧,那么你们就得到每克燃料产生的一定量的化学能。要是你们能正确地设计喷嘴和各种部件,那么你们就能获得化学能转变成喷出速度的高百分比,自然,你们不可能获得高于百分之百的比例。所以对给定的燃料,和对给定质量比的最理想的设计,存在着能达到的速率的上限。这也是因为从给定的化学反应可能获得的 u 值有一个上限。

考虑两个反应 a 和 b,在这两个反应中每个原子释放出的能量相同,但原子的质量不同,分别为 m_a 和 m_b。如果 u_a 和 u_b 是喷出速度,我们就有:

$$\frac{m_a u_a^2}{2} = \frac{m_b u_b^2}{2}. \tag{3.20}$$

因此在较轻原子的反应中,原子具有较高的速度,因为 $m_a < m_b$,(3.20)式表示 $u_a > u_b$。这也说明为什么大多数火箭所用燃料都是轻物质,工程师们都希望使氦和氢进行燃烧,不幸,那种混合物不能燃烧,所以他们权且把氢和氧之类凑合着用。

3-6 离子推进火箭

代替使用化学反应的另一个计划是制造一种装置,你们可以用它使原子离子化,并用电场来加速它们,这样你们就能得到极高的速度,因为你们可以把离子加速到你们想要的速度。所以这里我给你们提出另一个问题。

假定我们有一台所谓的离子推进火箭,我们使静电加速器加速的铯离子向后喷射。离子从火箭的前部出发,在前后两端之间加上电压 V_0——在我们的具体问题中,它并非不合理的电压——我采用 $V_0 = 200\,000$ 伏。

现在的问题是:这会产生多大的推力?它是一个与以前不同的问题。前面的问题是求火箭会跑得多快。这次我们希望知道,如果使火箭保持在测试台上,它产生多大的推力(见图 3-11)。

它的工作原理是:假定在时间 Δt 内火箭以速度 u 喷出质量 $\Delta m = \mu \Delta t$。于是喷出的动量为 $(\mu \Delta t)u$;由于作用等于反作用,所以火箭也获得这么多的

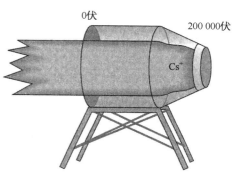

图 3-11　在测试台上的离子推进火箭

动量。在以前的问题中，火箭处于太空中，所以它就飞出去。这一次，它被测试台固定着，依靠离子每秒获得的动量就是固定火箭所必须施加的力。由离子获得的每秒的总动量为 $(\mu\Delta t)u/\Delta t$。所以火箭的推力就是 μu，即每秒释放的质量乘以质量射出的速度。因此只要计算出每秒发射出多少质量的铯离子以及它的速度就行了：

$$
\begin{aligned}
推力 &= \frac{\Delta(射出的动量)}{\Delta t} \\
&= (\mu\Delta t)u/\Delta t \\
&= \mu u.
\end{aligned}
\tag{3.21}
$$

我们先算出离子的速度，做法如下：铯离子从火箭射出时的动能等于它的电荷乘以加速器电极之间的电压。问题在于电压是什么：它类似于势能，就像场和力——你只要用电荷去乘就得到势能差。

铯离子是单价离子——它带有一个电子的电量——所以

$$
\frac{m\,c_s^+\,u^2}{2} = q_{el}V_0,
$$

$$
u = \sqrt{2V_0\,\frac{q_{el}}{m\,c_s^+}}.
\tag{3.22}
$$

现在让我们算出 $q_{el}/m\,c_s^+$ 这个值。每摩尔[①]电荷是一个著名的常数，它为 96 500 库仑/摩尔。每摩尔质量称为原子量。如果你们查一下周期表，每摩尔铯的质量为 0.133 千克。

你们说，"这些摩尔是怎么回事？我想去掉它们！"

它们已经被去掉了：我们需要的只是电荷和质量的比值。我可以以一个原子为单位或以一摩尔原子为单位进行计量，而比值是相同的。所以我们得到向外喷射的速率

$$
\begin{aligned}
u &= \sqrt{2V_0\,\frac{q_{el}}{m\,c_s^+}} = \sqrt{400\,000 \cdot \frac{96\,500}{0.133}} \\
&\approx 5.387\times10^5\,(\mathrm{m/s}).
\end{aligned}
\tag{3.23}
$$

---

① 1 摩尔原子数等于 6.02×10^{23} 个原子。

顺便说说,5×10^5 m/s 比我们迄今用化学反应的方法获得的速度要快得多。化学反应对应于 1 伏特量级的电压,所以离子推进火箭提供的能量比化学火箭的能量高 200 000 倍。

现在,好极了,但是我们不仅要速度,还要推力,所以我们必须用每秒质量 μ 乘速度。我想要用火箭喷射的电流来表示答案——当然,这是因为电流与每秒喷射的质量成正比。所以我要求出 1 安培电流能产生多少推力。

假定 1 安培电流正在流出:相当于多少质量? 1 安培是每秒 1 库仑,或每秒 1/96 500 摩尔。因为这是一个摩尔有多少库仑,但 1 摩尔铯原子的质量是 0.133 kg,所以火箭每秒射出的质量是 0.133/96 500 kg,这也是质量流的比率:

$$1 \text{ 安培} = 1 \text{ 库仑 / 秒} \longrightarrow \frac{1}{96\ 500} \text{ 摩尔 / 秒},$$

$$\mu = \left(\frac{1}{96\ 500} \text{ 摩尔 / 秒}\right) \cdot (0.133 \text{ 千克 / 摩尔})$$

$$= 1.378 \times 10^{-6} \text{ 千克 / 秒}. \tag{3.24}$$

我将 μ 乘以速率 u,就求得每 1 安培产生的推力,结果为

$$\text{推力 / 安培} = \mu u = (1.378 \times 10^{-6}) \cdot (5.387 \times 10^5)$$

$$\approx 0.74 (\text{牛顿 / 安培}). \tag{3.25}$$

所以我们得到小于 $\frac{3}{4}$ 牛顿/安培的推力——这是一个很小的力,很糟糕,很小。要达到 1 安培并不是一件很难的事,但要达到 100 安培或 1 000 安培却是件很费劲的事情,而它仍几乎没有产生什么推力,也难于获得适当数量的离子。

现在让我们计算消耗多少能量。当电流为 1 安培时,每秒 1 库仑的电量通过 200 000 伏的电势差。为了获得以焦耳为单位的能量,我将电量乘以电压,因为伏特不是别的而是单位电量的能量(焦耳/库仑)。因此消耗掉 $1 \times 200\ 000$ 焦耳/秒,相当于 200 000 瓦:

$$1 \text{ 库仑 / 秒} \times 200\ 000 \text{ 伏} = 200\ 000 \text{ 瓦}. \tag{3.26}$$

我们从 200 000 瓦中只得到了 0.74 牛顿的推力,从能量的观点来看,这完

全是一个没有用的机器,推力对功率的比仅为 3.7×10^{-6} 牛顿/瓦——它是非常非常微小的值:

$$推力 / 功率 \approx \frac{0.74}{200\,000} = 3.7 \times 10^{-6} (牛顿 / 瓦). \qquad (3.27)$$

所以,虽然离子火箭是一个很美妙的想法,但是为了把这个东西送到任何地方,都要用去极其多的能量!

3-7   光子推进火箭

根据排出物体越快就越好的原则,人们又提出了另一种火箭,因此人们就问为什么不喷射光子呢——它们可是地球上跑得最快的东西啊——向后发射光!你在火箭尾部发射一个闪光,你就得到一个推力!然而,你们可能会想到虽然发射出非常多的光,但并没有获得多大的推力。你们从经验知道,每当你开启一次闪光,你并没有发现自己有摔倒的感觉,即使你打开 100 瓦的灯泡,并且放上一个聚焦器,你什么也不会感觉到!所以想要获得每瓦很大推力是靠不住的。尽管如此,还是让我试试算出光子火箭的推力与功率的比值。

向后发射的每个光子都带有一定的动量 p 以及一定的能量 E,对光子来说,两者的关系为能量等于动量乘以光速:

$$E = pc. \qquad (3.28)$$

所以对一个光子而言,单位能量的动量等于 $1/c$。这就意味着不论我们用了多少光子,我们每秒发射出去的动量与每秒发射出去的能量之比是确定的——这个比率是唯一并确定的:它是 1 除以光的速率。

但是每秒发射的动量,就是把火箭维持在固定位置所必需的力,而每秒发射出的能量就是产生光子的发动机的功率,所以推力和功率的比率也是 $1/c$(c 为 3×10^8),或 3.3×10^{-9} 牛顿/瓦。它比铯离子加速器还差一千倍,比化学发动机差 100 万倍。这些都是火箭设计中的几个要害问题。

我明确告诉你们,所有这些相当复杂的半新的事物,都是为了便于你们能意识到你们已经学到了一些东西,而且你们现在已经能够懂得世界上正在发生的很多事情。

3‑8　静电质子束致偏器

现在,为了给你们示范怎样做研究,我准备了下面的问题,其内容如下:在 Kellogg 实验室[①]里有一台范德格拉夫起电机,它能产生 200 万伏的质子。电势差是用静电学的运动皮带方法产生的。质子通过这个势场下落,获得了很大的能量,以束流的形式射出。

假定由于某些实验方面的要求,我们想要质子在另一个角度上射出来,所以我们需要把它偏转。现在最实用的方法是用磁铁来使它偏转。不过我们也可以设计出用电的方法做到这一点——他们已经研究出了这种方法——那就是我们要讲的事情。

我们采用一对弯曲的电极,与它们的曲率半径相比,这对电极靠得很近——比如说它们大约相距 $d=1$ cm,由绝缘体隔开。电极被弯曲成圆形,在两者之间加上由电源提供的尽可能高的电压,所以在两电极之间就产生了电场,它使质子束沿着圆周径向偏转(见图 3‑12)。

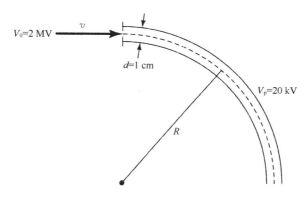

图 3‑12　静电质子束致偏器

实际上,如果你们在 1 厘米真空间隙两边加上远大于 20 千伏的电压,设备就有被击穿的危险——如有一点漏电,进了灰尘,就很难使它不放电——所以我们在两板间加了 20 千伏电压。(但是,我不准备用数值来讨论这个问题;我只是用数字来说明一下,所以下面我说板极间电压为 V_p。)现在,我们想知道:我们必

---

① 在加州理工学院的 Kollogg 辐射实验室进行核物理、粒子物理及天体物理方面的实验。

须把电极弯曲成多大的曲率半径才能使 2 MeV 的质子在它们之间偏转?

这只取决于向心力。设 m 是质子的质量,那么(2.17)式告诉我们,mv^2/R 等于将质子拉向中心所需要的力。而将它拉向中心的力是质子的电荷引起的——又是我们熟悉的 q_{el}——乘两板之间的电场:

$$q_{el}\varepsilon = \frac{mv^2}{R}. \tag{3.29}$$

这个方程就是牛顿定律:力等于质量乘加速度。不过为了利用这个公式,你们必须知道质子离开范德格拉夫起电机时的速度。

现在,有关质子速度的信息,可从它们在势场中降落 200 万伏——我们称为 V_0——将具有多大势能而获得。能量守恒定律告诉我们,质子的动能 $mv^2/2$ 等于质子的电量乘上它下落时通过的电压。从这些分析我们可以直接计算 v^2:

$$\frac{mv^2}{2} = q_{el}V_0,$$

$$v^2 = \frac{2q_{el}}{m}V_0. \tag{3.30}$$

把(3.30)式中的 v^2 代入(3.29)式得:

$$q_{el}\varepsilon = m \frac{\left(\dfrac{2q_{el} \cdot V_0}{m}\right)}{R} = \frac{2q_{el}V_0}{R},$$

$$R = \frac{2V_0}{\varepsilon}. \tag{3.31}$$

所以如果我知道两板之间的电场,就很容易求出半径——因为电场、加速质子的电压和电极曲率之间存在这样一个简单关系。

电场是什么? 如果电极不是被弯曲得太厉害,那么电场在两板之间各处近似相等。当我把一电压加在板上,在一个板上的电荷与在另一个板的电荷之间有一个能量差。单位电荷的能量差就是电压——这就是电压的意义。现在,如果我把一个电荷 q 从一个板穿过匀强电场 ε 带到另一个板,则作用在电荷上的力为 $q\varepsilon$,而能量差是 $q\varepsilon d$,这里 d 是两板之间的距离。力乘以距离,得到能量——或场乘以距离,我就得到势。所以加在两板上的电压为 εd:

$$V_\mathrm{p} = \frac{能量差}{电量} = \frac{q\varepsilon d}{q} = \varepsilon d,$$

$$\varepsilon = V_\mathrm{p}/d. \tag{3.32}$$

因此我把(3.32)式中的 ε 代入(3.31)式,经过推导,我就得到半径的公式——$2V_0/V_\mathrm{p}$ 乘两板间的距离:

$$R = \frac{2V_0}{(V_\mathrm{p}/d)} = 2\frac{V_0}{V_\mathrm{p}}d. \tag{3.33}$$

在我们的具体问题中,V_0 与 V_p 的比——200 万伏比 2 万伏——为 100 比 1,而 $d = 1$ 厘米,所以曲率半径应是 200 厘米或 2 米。

在这里已经做的假定是两板之间的电场是均匀的。如果电场不均匀,那么我们的致偏器还好到什么程度?还是非常好,因为有 2 米的半径,所以两个板几乎是平的,所以其中的电场强度近似为常数,而要是使质子束正好在两板的中间,那就很好。但使我们做不到,它仍然是非常好,因为如果电场在一侧过分强,那它会在另一侧过分弱,这两件事将近似地得到补偿。换句话说,利用靠近中间的场,我们可以作一个很好的估计:即使它并不完美,在这样的尺度上还是很接近的;当 $R/d = 200:1$,它几乎是精确的。

3-9 测定 π 介子的质量

时间不多了,但我要求你们再多待一分钟,这样我就能够再给你们讲一个问题:就是历史上测定 π 介子质量的方法。实际上,π 介子最初是在照相底片上发现的,在该底片上还有 μ 介子(μ 子)的径迹[①]:某个未知的粒子进入并停留下来,而它停留的地方又出现一个离开的细小径迹,由该小径迹的性质发现就是 μ 介子。(μ 介子以前就已经知道,但 π 介子正是从这些照片中被发现的。)人们假定中微子(ν)以相反的方向离开,(因为它是中性的,所以不留痕迹。)如图 3-13 所示。

图 3-13 π 介子蜕变为一个 μ 子和一个看不见的(电中性的)粒子的径迹

---

① "μ 介子"是已废弃的 μ 子的名称,它是一个基本粒子,与电子带有相同的电荷,但其质量接近电子质量的 209 倍(实际上就"介子"一词的现在意义上来讲,它根本不是介子)。

图 3 - 14 处于静止状态的 π 介子蜕变成 μ 子和中微子,它们具有相等而相反的动量。μ 子和中微子的总能量等于 π 介子的静能

μ 子的静止能量已知为 105 MeV,从它的径迹的性质求得它的动能为 4.5 MeV。我们如何从所做的这些假定求出 π 介子的质量(见图 3 - 14)?

让我们假设 π 介子处于静止状态,它蜕变成一个 μ 子和一个中微子。我们已知 μ 子的静止能量和它的动能,因此就知道 μ 子的总能量。但是也需要知道中微子的能量,因为根据相对论,π 介子的质量乘 c 的平方就是它的能量,这能量全部变成了 μ 子和中微子的能量。你们看,π 介子消失了,而 μ 子和中微子留下了,根据能量守恒,π 介子的能量必定等于 μ 子的能量加上中微子的能量:

$$E_\pi = E_\mu + E_\nu. \tag{3.34}$$

所以我们需要计算 μ 子和中微子二者的能量。μ 子的能量容易得到,实际上它已经给出的:为 4.5 MeV 的动能,加上它的静能——所以你们获得 $E_\mu = 109.5$ MeV。

现在中微子的能量是多少? 这是一个难题。但由动量守恒,我们就可以知道中微子的动量,因为它与 μ 子的动量严格相等而方向相反——这是问题的关键所在。你们看,在这里我又把问题反过来了:如果我们已知中微子的动量,那么我们大概就能够计算出它的能量。我们来试试。

我们从公式 $E^2 = m^2 c^4 + p^2 c^2$ 计算 μ 子的动量,选用 $c=1$ 的单位系统,所以 $E^2 = m^2 + p^2$,于是我们得到 μ 子的动量

$$p_\mu = \sqrt{E_\mu^2 - m_\mu^2} = \sqrt{(109.5)^2 - (105)^2} \approx 31 \ (\text{MeV}). \tag{3.35}$$

而中微子的动量与它的动量相等而方向相反,所以不必为符号操心,只需考虑数值——中微子的动量也是 31 MeV。

中微子的能量约为多少呢?

因为中微子的静止质量为零,所以它的能量就等于动量乘 c。我们曾谈论过"光子火箭"。在这一问题中,我们令 $c=1$,所以中微子的能量与它的动量数值相同,为 31 MeV。

很好,我们已经全部完成了:μ 子的能量为 109.5 MeV,中微子的能量为 31 MeV,所以在该反应中释放出来的总能量为 140.5 MeV——全部由 π 介子的

静止质量提供:

$$m_\pi = E_\mu + E_\nu \approx 109.5 + 31 = 140.5 \, (\text{MeV}). \tag{3.36}$$

而这就是最初测定 π 介子质量的方法。

我要讲的就是这些。谢谢你们。

下学期再见。祝好运!

4 动力学效应及其应用

我一定要声明,我今天的课和其他课不同,今天我要讲这许多东西只是为了你们自己的娱乐和兴趣,如果你们觉得有些东西因为太复杂而不能理解,你们可以把它忘掉;这些绝对是不重要的。

当然,我们学习的每一个主题是要学得越来越深入——肯定比初学入门的水平要深入得多——我们几乎可以永远不停地研究转动动力学的问题,但这样我们就没有时间学习更多物理学的其他内容了。所以我们只在这一讲里讲这个主题。

不过,或许某一天你们会回来研究转动动力学,以你们自己的方式,无论是作为机械工程师,或者是作为自旋的星体所困扰的天文学家,或者在量子力学中(在量子力学中你们会遇到转动)——如果它又回到你面前,这该由你自己负责解决了。但这是第一次我们留下一个没有结束的主题;我们有许多断断续续的思想或思路,这些都已经过时或者没有继承下去,我要告诉你们它们去了哪里,这样你们会更好地了解你们知道的内容。

特别是,到现在为止的大多数讲课在很大程度上都是理论的——充满了方程式等——你们中许多对实用工程学有兴趣的人可能渴望看到一些在利用某些效应方面所表现出来的“人的聪明”。如果是这样的话,我们今天的主题想来会使你们高兴,因为在机械工程学中没有比最近几年中惯性导航的实际发展更精巧了。

这在鹦鹉螺号核潜艇在北极冰帽下的航行戏剧性地得到说明:观察不到天上的星;实际上也没有冰帽下面海底地图;在潜艇里面没有办法看到你在什么地方——然而他们在任何时刻都准确知道他们在哪里[1]。没有惯性导航的发展这

---

① 世界上第一艘核动力潜艇美国舰船鹦鹉螺号(Nautilus)从夏威夷航行到英格兰,于1958 年 8 月 3 日经过北极。它在北极冰帽下航行整整 95 个小时。

次航行就不可能,今天我要告诉你们它是怎样工作的。但在我讲到它以前,我最好先讲一些老式的、不很灵敏的器件,这是为了让你们更完全地理解它的原理以及后来的更加精细和奇迹般的发展中的问题。

4-1 演示陀螺仪

可能你们还没有看见过这种东西,图 4-1 出示一个常平架上的演示陀螺仪。

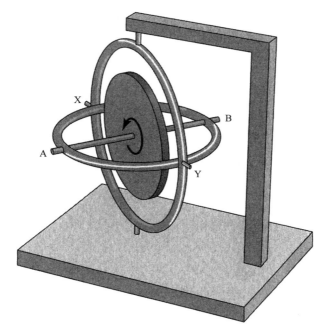

图 4-1 演示陀螺仪

轮子一旦转动起来,无论它被举起或沿任意方向运动,它始终保持不变的方向——陀螺保持它的自旋轴 AB 空间指向不变。在实际应用中,陀螺必须保持不停地自转,用一个小马达来补偿陀螺仪轴上的摩擦。

如果你试着在 A 点向下推,要想改变 AB 轴的方向(陀螺产生一个沿 XY 轴的转矩),A 点并不向下运动而实际上向旁边运动,在图 4-1 中向着 Y。绕任何轴对陀螺施加转矩(除自旋轴之外)会使陀螺绕垂直于所加转矩和陀螺自旋轴的轴线转动。

4-2　定向陀螺仪

我从陀螺仪可能的最简单应用开始：假定在一架从一个方向转向另一方向的飞机里，陀螺的旋转轴——譬如水平放置——始终指着同一方向。这非常有用：当飞机作各种不同的运动时，可以保持同一个方向——这称为定向陀螺（见图 4-2）。

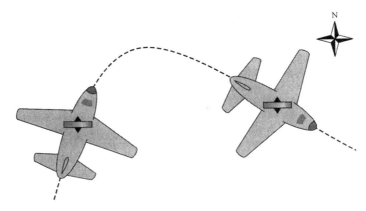

图 4-2　在转弯的飞机中的定向陀螺保持它的方向不变

你们会说："这像指南针（磁罗盘）。"

它不像指南针，因为它并不指向北极。它一般像这个样子：飞机停在地上的时候，你给磁罗盘定标，并利用它将陀螺的轴安置为指向某个方向，譬如说指向北。然后在你飞来飞去的时候，陀螺仪始终保持它的方向，你总是可以利用它找到北方。

"为什么不用磁罗盘呢？"

在飞机里面很难使用磁罗盘，因为磁针在运动时要摇晃和倾斜，并且飞机里有铁和其他磁场源。

另一方面，当飞机平稳地沿直线飞行一段时间，你会发现陀螺仪不再指向北，这是由于常平架的摩擦力。飞机一直在慢慢地转向，总有些摩擦力会产生微小的转矩，陀螺产生进动，它不再准确地指向同一方向。所以，飞行员需要时不时地按照指南针校正他的陀螺仪的方向——每一个小时或更多的时间，取决于减少摩擦效果做得有多完美。

4-3　人工地平仪

这同样的系统可用作人工地平仪，用来确定"上方"的器件。当你在地面上的时候,你将陀螺仪的轴垂直安放。然后你飞到空中,飞机纵向和横向摇晃;陀螺仪始终保持垂直方向,但它也需要时不时地进行校正。

我们相对于什么东西来核对人工地平仪呢?

我们可以根据重力来确定什么方向是上方,但就像你们都很清楚的,当你们沿曲线运动的时候表观重力就要偏离一个角度,这是不容易核对的。但是长时间的平均,重力是在确定的方向上——除非飞机最终上下颠倒地结束飞行(见图 4-3)。

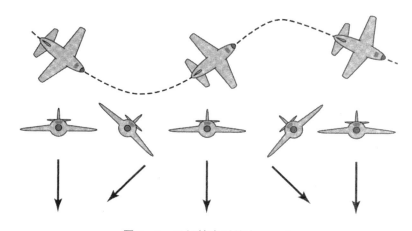

图 4-3 飞机转弯时的表观重力

好了,现在考虑一下如果我们在图 4-1 所示的常平架上陀螺的 A 点施加一个重力,然后使陀螺绕它的垂直轴自转,A 在下面。当飞机水平笔直飞行时,重力垂直向下作用,倾向于保持自转轴垂直。飞机转弯的时候,重力力图将转轴拉离它的垂直位置,但陀螺通过进动予以抗拒,转轴只是很慢地偏离垂直方向。终于飞机停止做特技动作,重力重又指向正下方。长时间来看,重力倾向于使陀螺转轴的方向沿着地球引力的方向,这很像将定向陀螺仪和磁罗盘相比较,除了大约每一个小时要做一次校正以外,在整个飞行过程中还要不断地校正,所以不管陀螺具有非常缓慢漂移的倾向,在长时间内它的方向始终维持地球引力的平均效应。很自然,陀螺漂移得慢,有效地取平均值的时间周期就更长,仪器就能更好地适用于更为复杂的飞行特技,飞机并非不常做使重力偏离达到半分钟的特技飞行的,如果平均周期只有半分钟,人工地平仪就不能发挥正确的作用。

我刚才描述的器件——人工地平仪和定向陀螺仪——是用于引导飞机自动驾

驶仪的器械。从这种器件获得的信息用来操控飞机,使沿确定的方向飞行。例如,如果飞机偏离定向陀螺仪的轴线,电接触点的离合通过许多器件的作用,结果牵动飞机的一些襟翼,操控飞机回到航线上来。自动驾驶仪的心脏部分就是这种陀螺仪。

4－4　船舶稳定陀螺仪

　　另一陀螺仪有趣的应用是稳定船只,它今天不再使用但曾经被提议并且制造出来。当然,每个人都认为这只是一个固定在船里面装在轴上旋转的巨大飞轮,但这是不对的。假如你把自转轴垂直安放,有一个力将船的前部推向上,其净效应使陀螺向一边进动,船就要翻覆——所以这是不行的! 只靠陀螺仪本身是不能使任何东西稳定的。

　　如果不只是说明惯性导航所依据的原理,该做些什么。诀窍在于:在船的某个地方装一台很小的但很精巧的主陀螺仪,它的轴可以垂直安放。当船滚动略微偏离垂直的瞬间,主陀螺仪的电接触器操控一台巨大的从动陀螺,这是用来稳定船舶用的——这可能是已经造成的最大的陀螺(见图 4－4)! 通常,从动陀螺的轴保持垂直,但它是装在常平架上的,所以它可以绕着船上下颠簸的轴旋转。如果船开始左右滚动*,那么为了使它改正,从动陀螺就向前或向后急

图 4－4　船舶稳定陀螺仪:将陀螺向前推动,产生使船向左滚动的转矩

---

　　* 颠簸(pitch)指船首尾上下摆动,滚动(roll)指船身绕通过连结船首尾的轴左右摇摆。——译者注

转,——你知道陀螺总是很顽固并向相反的方向走。绕颠簸的轴突然转动产生一个相对于滚动轴的转矩,它和船的滚动方向相反。船的颠簸不能用这种陀螺校正,当然大船的颠簸是比较小的。

4-5 回旋罗盘

现在我要讲船上用的另一种装置——"回旋罗盘"。它与总是要偏离北极并且必须定期调整的定向罗盘不同,回旋罗盘实际上追踪北极——事实上它比磁罗盘更好,它指向真正的北极,地球自转轴的意义上的北极。它的工作原理是这样:假设我们从北极上面看地球,地球反时针方向旋转,我们在某处安装一个陀螺仪,譬如在赤道,它的转轴指向东西方向,平行于赤道,如图 4-5(a)所示。目前我们以理想的自由陀螺为例,它装在许多常平架和架子上。(可能放在浮在油里面的球体中——无论你要怎样都可以,只要使它没有摩擦。)六个小时以后,陀螺仪仍旧指向绝对相同的方向(因为没有摩擦力产生的转矩),但是如果我们在赤道上站在它的旁边,我们会看到它慢慢地翻转:六个小时后它就直指向正上方,如图 4-5(c)所示。

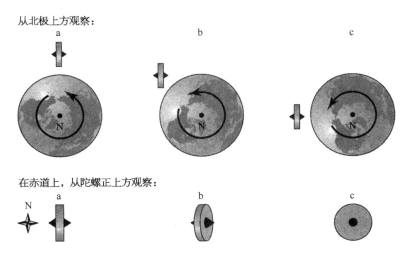

图 4-5 自由转动的陀螺,地球保持它在空间的方向

现在我们把一个重物放在陀螺仪上,如图 4-6 所示,想象一下会发生什么状况;重量使陀螺的自转轴始终保持垂直于引力的方向。

当地球自转时,重物被举起来。重物当然要返回到下面的位置,这就产生一个平行于地球转动轴的转矩，这使陀螺转到和每样东西都成直角的方位；在这特殊的情况中，如果你把它算出来，这意味着不是将重物举起来而陀螺要转向，使轴转向北极，如图 4 - 7 所示。

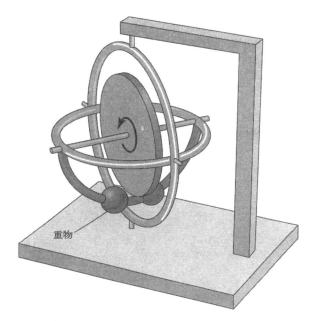

图 4‑6   演示带有重物的陀螺要保持它的自转轴垂直于引力

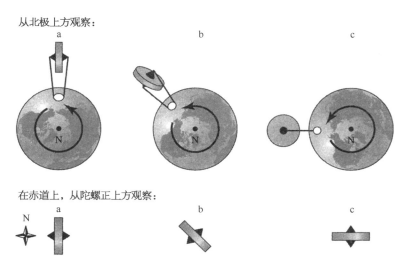

图 4‑7   带有重物的回旋螺盘会使它的转轴平行于地球的自转轴

现在假设陀螺的轴最终指向了北极,它一直保持这样状态吗? 如果我们画出转轴指向北极的相同的图,如 4 - 8 图中所画的那样,在地球自转的时候,臂绕着陀螺的转轴摇摆并且重物一直在下面;没有因重物被提升产生的转矩,以后转轴仍旧指向北极。

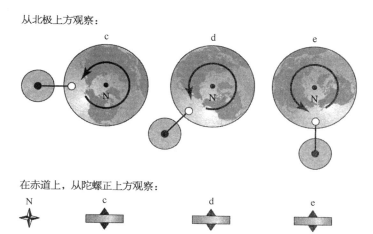

图 4 - 8　自转轴平行于地球自转轴的回旋罗盘倾向于保持这个方向

所以,如果回旋罗盘的轴指向北极,没有理由说明它为什么不能保持这种方式,但如果它的轴随地球转动向东西方向稍微偏转一点,由于地球的自转,重物的重力就会将轴转向北极。由此可知,这是指北的器件。(实际上,如果我仅仅用这种方式建造器件,它会朝北极转动并越过北极的位置,转到另一边,然后回来,并来回摆动——所以要加进一些阻尼。)

我们已经制造了一个模拟回旋罗盘的机件,这在图 4 - 9 中可以看到。遗憾的是这台陀螺仪不是所有的轴都可以自由运动;其中只有两个是自由运动的,你不得不稍稍思考一

图 4 - 9　费曼演示模拟回旋罗盘

下,可以领会几乎都是一样的。你们把这东西转动起来模拟地球的运动,引力用连在陀螺上的橡皮带模拟,相当于臂端的重物。你将它转动起来,陀螺进动一段时间,但只要你足够耐心,并使它保持运动,它就安定下来。它可以稳定并且不会转到另外的方向上去的唯一位置是平行于它的框架——在这里是想象的地球——的转动轴的方位,它稳定下来,精彩极了。它指向北极。当我使它停止转动,转轴就要漂移,因为在轴承上有各种摩擦和阻力。真实的陀螺总是要漂移,它们不是理想的东西。

4-6   陀螺仪设计和结构的改进

大约十年前能够制造出的最好的陀螺仪在一个小时内的漂移在 2 到 3 度之间——这是惯性导航的极限:不可能确定你在空间的方向比这更准确。例如,你要在潜水艇中航行 10 个小时,你的定向陀螺的轴可能偏移多达 30 度!(回转罗盘和人工地平仪可以完全正确,因为它们根据引力进行"校正",但自由转动的定向陀螺不是很准确。)

惯性导航的发展要求发展更好的陀螺仪——在这种陀螺仪中,会使它产生进动的不可控制的摩擦力要减小到尽可能最小。许多新发明使这成为可能,我想要介绍其中的普遍原理。

第一项,到现在为止我们所讨论的都是"两个自由度"的陀螺,因为自转轴可以有两种转动的方法。我们发现如果你们每一次只需要关心一种方法就比较简单——就是说,较好的办法是这样安装你的陀螺,使得你只需要分别考虑绕一个轴的转动。"一个自由度"的陀螺画在图 4-10 中。[我必须感谢喷气推进实验室的斯科尔(Skull)先生,他不仅借给我这些幻灯片,还给我讲解最近几年内发生的各种事情。]

陀螺的飞轮绕水平的轴旋转(图上的"自转轴"),它只能绕一个轴(IA)自由转动,不是两个。不过,由于以下理由,它还是一个有用的器件:设想使陀螺绕着垂直输入轴(IA)转动,这是因为它在正在转弯的车或船中。那么陀螺的飞轮就要试图绕水平输出轴(OA)进动;更准确地说,相对于输出轴产生一个转矩。如果转矩没有受到抵抗,陀螺的飞轮就绕这个轴进动。所以,如果我们有一台信号发生器(SG),它可以探测出飞轮进动的角度,那么我们就可以利用它来发现船正在转弯。

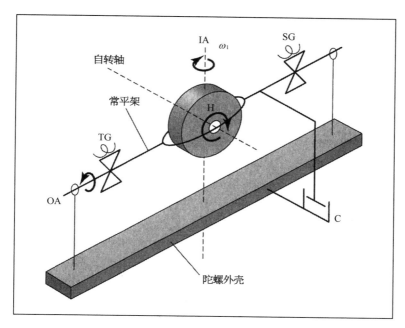

图 4 - 10 一个自由度的陀螺仪略图(取自原始的报告幻灯片)

现在,这里已经谈到了几种特征;精巧的部分是,绕输出轴的转矩必定绝对精确地表示绕输入轴转动的结果。相对于输出轴的其他任何转矩都是噪声,我们必须去掉它们以避免混淆。困难在于陀螺的飞轮本身具有一定的重量,它必须用输出轴上的支枢来支撑其重量——这些是真正的问题所在,因为它们会产生不清楚、不确定的摩擦力。

所以,第一个,也最主要改进陀螺仪的策略就是把陀螺的飞轮放在一个盒子里并将盒子漂浮在油里。盒子是圆柱形,完全浸没在油中,并且可以绕它的轴(图 4 - 11 中的输出轴)自由转动。包括飞轮和其中的空气的盒子重量和它排开油的重量准确相等(或尽可能接近),这样容器就自然地平衡在油中。用这种方法支枢负担很少的重量,因此可以使用非常精巧的宝石轴承,像钟表里面的那种由一个针尖和宝石构成。宝石轴承可以承受很小的侧向力,但在现在的情况中它们不需要承受很大的侧向力——并且它们有非常小的摩擦力。这就是第一项了不起的改进:将陀螺的飞轮浮在油中,用宝石轴承做支持飞轮的支枢。

下一项重要改进是实际上从来不使陀螺仪产生任何力——或很大的力。到现在为止我们一直在讲的使用方式是,陀螺飞轮绕输出轴进动以及我们测量它

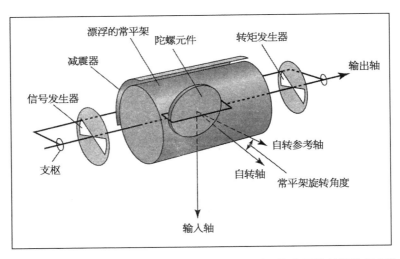

图 4 - 11　一个自由度的组合陀螺仪整体的详细图解(取自原始的报告幻灯片)

进动了多远。但另一项测量绕输入轴的转动效应的有趣技术是根据下述概念(参见图 4 - 10 和 4 - 11):假设我们有一台精心制造的器件,如给它确定数量的电流,我们可以非常精确地在输出轴上产生一定的转矩——一个电磁转矩发生器。然后我们做一个反馈器件,它在信号发生器和转矩发生器之间有**极大**的放大,所以当船绕输入轴转动时,陀螺仪的飞轮开始绕输出轴进动,但是刚开始动了<u>一点点</u>,一根头发丝——只是一根头发丝——信号发生器就说,"嘿!它在动了!"转矩发生器立即在输出轴上施加一个转矩以抵消使陀螺仪飞轮进动的转矩,从而使它保持在原来位置上。那么我们要问一个问题,"我们要使它保持不动有多难?"换言之,就是我们测量进入转矩发生器的电流的数量。本质上,我们通过测量需要多大的抗衡转矩来测定造成陀螺进动的转矩。在设计和发展陀螺仪中反馈原理是非常重要的。

　　现在,另一种实际上更常用的、令人感兴趣的反馈方法画在图 4 - 12 上。

　　陀螺仪是放置在支持框架中央的水平平台上的小盒子(图 4 - 12 上的"Gyro")。[你们可以暂时不去管加速度计(Accel);我们只要注意陀螺仪。]和以前的例子不同,陀螺仪的自转轴(SRA)是垂直的;不过输出轴(OA)仍旧水平。我们想象整个框架安装在沿图所示方向(图 4 - 12 中的"向前运动"方向)飞行的飞机中,那么输入轴就是飞机的俯仰运动的轴。当飞机向上或向下时,陀螺仪的飞轮开始绕输出轴进动,信号发生器就产生一个信号,但不是产生一个转矩来平

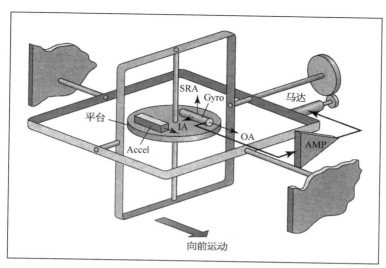

图 4‑12　一个自由度的稳定平台的示意图(取自原始的报告幻灯片)

衡,而是通过反馈系统用下述操作来替代:当飞机一开始绕俯仰运动的轴转动时,承载陀螺仪的框架相对于飞机转向相反的方向,这样一来抵消了运动;我们把它转回原位,我们就没有信号了。换句话说,我们通过反馈保持了平台稳定,我们实际上完全不需要让陀螺仪运动!这比让它摇摆和转动并试图通过测量信号发生器的输出来计算飞机的上下颠簸方便了许多!将信号用这种方法回馈简便得多,平台完全不转动,陀螺仪始终保持它的轴不动——我们可以通过比较平台和飞机的地板就知道颠簸角度。

图 4‑13 是一张解剖图,表示真实的"一个自由度"的陀螺仪的结构。在这张图上陀螺的飞轮看上去很大,但整个仪器可以放在我的手掌上。陀螺飞轮放在一个盒子里,它漂浮在非常少量的油中——它们充满着围绕盒子的罅隙——但已足够使两端的微小宝石轴承不需要支持重量。陀螺仪的飞轮一直在不停地旋转。支撑自转轴的轴承不要求是无摩擦的,因为它们被抵消了——摩擦力被引擎的动力克服了,引擎转动一个小马达,马达使陀螺仪的飞轮旋转。还有探测盒子极其微小的运动的电磁线圈[图 4‑13 中的信号—转矩双同步(dualsyn)],线圈提供反馈信号,反馈信号或者用来在盒子上产生绕输出轴的转矩,或者使承载陀螺仪的平台绕输入轴转动。

这里有一个有点困难的技术问题:给驱使陀螺飞轮转动的马达输送动力,我们必须将电流从仪器的固定部分送入转动着的盒子里面。这意味着导线必须

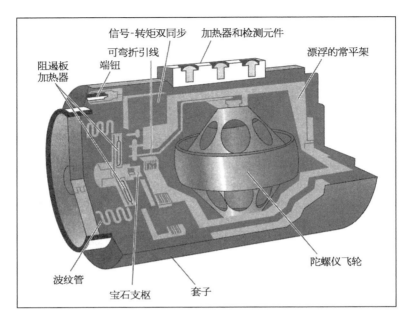

信号-转矩双同步
可弯折引线
端钮
加热器和检测元件
漂浮的常平架
阻遏板
加热器
波纹管
宝石支枢
套子
陀螺仪飞轮

图 4‑13　一个自由度的组合陀螺仪的解剖图(取自原始的报告幻灯片)

和盒子接触,还有接触实际上必须无摩擦,这是非常困难的。所用的方法是下面这样的：四个精确制造的半圆形弹簧在盒子上和导线连接,如图 4‑14 所示。弹簧是非常好的材料制造,像钟表弹簧的材料,只是非常精细。它们保持平衡,使得盒子准确地处在零位置时不产生转矩；如果盒子微微转动,它们产生很小的

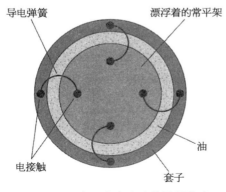

导电弹簧
漂浮着的常平架
电接触
油
套子

图 4‑14　在一个自由度的陀螺仪中
从套子到漂浮着的常平架
的电连接

转矩——不过,由于弹簧做得如此完美,转矩可以精确知道——我们知道它的正确的方程式——它在反馈器件的线路中得到修正。

盒子和油之间也有很大的摩擦力,在盒子转动时产生绕输出轴的转矩。但是液体油的摩擦定律是十分准确地知道的：转矩精确地正比于盒子转动的速率。所以它能在反馈线路的计算部分被完全校正,对于弹簧也是一样。

像这类精密器械的主要原则并不是

尽量使每样东西都完美无瑕，而是使每样东西都确定和准确。

　　这种器件就像奇妙的"单马车"[①]：每样东西都做到当前机械学可能的绝对极限，他们还在努力把它做得更好。但最严重的问题在于：假如陀螺飞轮的轴略微偏离盒子的中心，如图 4‑15 所示，会发生什么情况。这样一来盒子的重心和输出轴不一致，飞轮的重量就要使盒子转动，产生许多不需要的转矩。

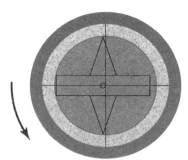

图 4‑15　在一台一个自由度的陀螺仪中漂浮着不平衡的常平架造成相对于输出轴的不需要的转矩

　　为了固定它，你要做的第一件事是钻一个小洞，或者将重物放在盒子里放一些重物使它尽可能平衡。然后你非常仔细地测量存在的剩余偏移，通过这种测量来校准。当你测量了你建造的某一器件并发现你不能将偏移减到零，你可以在反馈线路中使它得到校正。虽然在这个情况中问题在于偏移是不确定的，陀螺仪运行两三个小时后，由于轴承的磨损重心的位置会稍稍移动。

　　现在，这种类型的陀螺仪比起 10 年前制造的改进了 100 多倍。最好的一种产生的偏移在每小时一度的 1/100 以下。对于图 4‑13 所示的器件，它的陀螺飞轮的重心偏离盒子中心的运动不会大于百万分之一英寸的 1/10！精密的机械常规应用要求达到诸如一亿分之一英寸，这比现在的精密机械常规提高一千倍。确实，这是最重要的问题之一——保证轴承不磨损，这样陀螺飞轮偏离中心向两边的移动不超过 20 个原子。

4‑7　加速度计

　　我们前面讨论的器件可以用来告诉我们哪一方向是上方，或者使某个东西不会绕一个轴转动。如果我们有三台这样的器件沿三个轴安置，装在各种常平架上，如此等等，那么我们就可以使某个物体绝对稳定。当飞机转弯时，飞机内的平台保持水平，它完全不会向左或向右转动，它不会发生任何变化。用这样的

---

　　① 《执事的杰作或奇妙的"单马车"：一则逻辑的故事》是奥利弗·温德尔·霍姆斯 (Oliver Wendell Holmes)的诗，写的是一辆轻便马车，它设计得如此精美，使用了一百年，然后在瞬间化为灰尘。

方法我们就能保证它恒定指向北方,或东方,或上方或下方,或者任何其他方向。但下一个问题是要知道我们现在在什么地方:我们已经走了多远?

现在,你们知道你们在飞机里面不能进行某种测量来求出飞机飞得多快,所以你肯定不能够测量出它飞出多远,但你可以测量它的加速度是多少。因此,如果我们开始的时候测量出没有加速度,我们就说,"好,我们处在零点位置并且没有加速度。"当我们开始运动时我们一定要加速。当我们加速时就可以把它测量出来。然后我们用计算机把加速度积分,我们就可以求出飞机的速率,再次积分我们就可以求出飞机的位置。因此,要确定某个物体走了多远的方法是测量加速度再对它积分两次。

你怎样测量加速度呢? 测量加速度的简单器件的略图画在图 4-16 中。最重要的部件只是一个重物(图中"地震重物")。还有一个很弱的弹簧(弹性遏阻器)使重物大体上保持在原位,还有一个抑制它振荡的阻尼器,但这些细节都是不重要的。现在假设这整个器件向前加速,沿着箭头所指的方向(敏感轴)。当然,重物就要向后运动,我们利用标尺(指示加速度的标尺)测量它向后运动的距离;我们可以从这求出加速度,积分两次就到距离。很自然,如果我们在重物位置的测量中产生一点误差,这样我们求得的加速度有微小的偏差。经过很长的时间以后,对加速度积分两次,距离偏差就很大。所以,我们必须把器件做得更好。

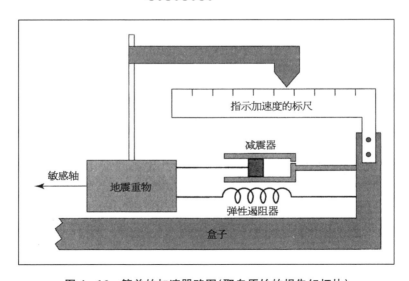

图 4-16　简单的加速器略图(取自原始的报告幻灯片)

　　下一阶段的改进装置简图画在图 4‑17 中,利用我们熟悉的反馈原理:当这个器件作加速运动时,重物移动,这种运动引起信号发生器输出一个正比于位移的电压。下一步的关键不是测量电压,而是通过放大器将电压反馈到一个机件,把重物拉回原位,从而求出需要多大的力得以保持重物不动。换言之,并不是让重物移动并测量它走多远,而我们是测量使它保持平衡所需要的反作用力,然后利用公式 $F = ma$ 求出加速度。

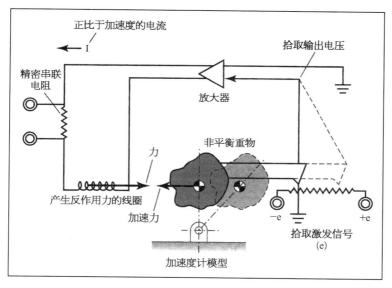

图 4‑17　带有反馈力的非平衡重物加速度计略图(取自原始的报告幻灯片)

　　这种器件的一种具体结构的简图表示在图 4‑18 中。图 4‑19 是真实器件结构的解剖图。它十分像图 4‑11 和图 4‑13 中的陀螺仪,只是盒子看上去是空的:只有一个贴在靠近底部一边的重物取代陀螺。整个盒子漂浮着,它完全被液态油支持着并保持平衡(盒子架在极其完美、精密的宝石支枢上),当然,由于地球引力的作用盒子的重物一边停留在下方。

　　这种器件用来测量垂直于盒子轴线方向的水平加速度;每当盒子在这个方向加速时,重物落后并使盒子的一边向上倾斜,盒子在支枢上转动;信号发生器立即产生一个信号,这个信号送到转矩发生器的线圈,将盒子拉回原来的位置。就和以前一样,我们把转矩反馈回来以改正偏离,我们测量出需要多大的转矩来保持物体不致晃动,这个转矩告诉我们的加速度有多大。

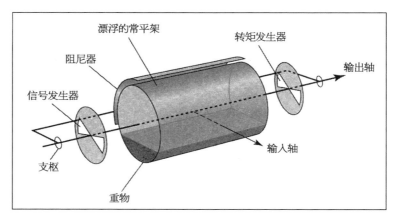

图 4 - 18　带有转矩反馈的漂浮常平架加速度计的示意图(取自原始的报告幻灯片)

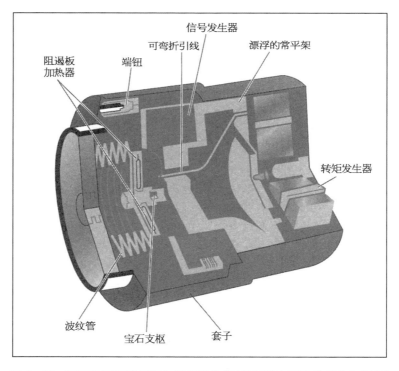

图 4 - 19　真实的漂浮常平架加速度计的解剖图(取自原始的报告幻灯片)

　　另一种测量加速度的有趣的器件的简略图画在图 4 - 20 上。实际上它能自动地做一次积分。这个略图和图 4 - 11 相同,只是在自转轴的一边有一个重物

（图 4-20 中的"摆动重物"）。如果器件向上加速，在陀螺仪上产生一个转矩，以后它就和我们的其他器件同样了——只不过转矩是因加速产生而不是因为盒子的转动。信号发生器，转矩发生器以及所有其余的部件都是一样的。反馈是用来将盒子绕输出轴转回去。为了使盒子平衡，作用于重物向上的力必须正比于加速度，但是作用在重物向上的力正比于盒子扭转的角速度，所以盒子的角速度正比于加速度。这意味着盒子转过的<u>角度</u>正比于速度。测量盒子转过多大角度给出速度——所以一次积分已经完成了。（这并不表示这种加速度计比其他的更好；对于特定的应用哪一种更好，取决于整体的技术细节，这是一个设计的问题。）

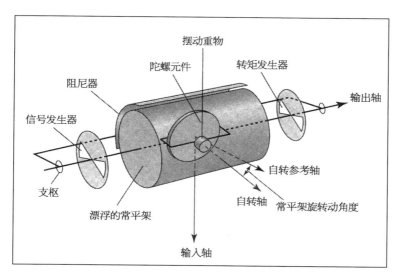

图 4-20　用作加速度计的、自由摆动积分陀螺仪的略图；常平架转动角度指示速度（取自原始的报告幻灯片）

4-8　完整的导航系统

好了，如果我们建造了这样的一些器件，我们可以把它们组合起来安放在一个平台上，如图4-21所示，这就是完整的导航系统。三个小的圆柱体（G_x、G_y、G_z）是陀螺仪，它们的轴安置在三个互相垂直的方向上。三个长方形盒子（A_x、A_y、A_z）是加速度计，每个对应于一个坐标轴。这些陀螺仪和它们的反馈系统一同保持着平台在绝对空间中的不作任何方向上转动——既不偏航，也不上下颠簸，也不左右滚动——当飞机（或船舰，或系统所在的随便什么东西里）转弯时，平台的平面非常精确地保持稳定。这对于加速度测量的器件来说是非常重要的,因为你一定要准确知道它们的测量是沿哪个方向:假如它歪斜了,那么导航系统就以为它们向某一个方向转动了,但实际上它们是转向另一方向,这样一来系统就乱套了。关键是要使加速度计保持在空间固定的方向上,这样它就很容易进行位移的计算。

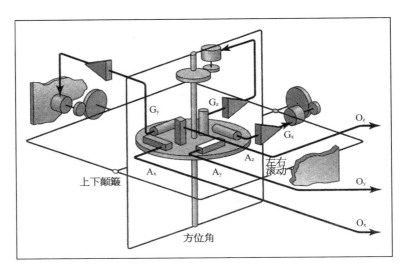

图 4‑21　有三台陀螺仪和三台加速度计,安装在一个稳定的平台上的完整导航系统(取自原始的报告幻灯片)

　　加速度计的 x, y 和 z 的输出送入积分线路,通过在每一个方向上积分两次来计算位移。如此,假设我们在一个已知的位置从静止开始,在任何时刻我们都可以知道我们到了哪里。我们也知道我们正向着什么方向运动,因为平台始终在我们开始的时候(理想上)所设定的同一方向上。这就是一般的概念。不过,还有几个问题是我想要说明的。

　　第一,考虑一下如果器件产生,譬如说,百万分之一的误差,在测量加速度的时候会发生什么情况呢。假设器件是在一台火箭中,它需要测量加速度高达 $10g$。一台可以测量高达 $10g$ 的器件能够分辨 $10^{-5}g$ 以下是很难的(事实上我怀疑你们能够做到)。但是,加速度有 $10^{-5}g$ 的误差,积分两次,经过一个小时后,结果位置的误差超过半个千米——10 个小时后多达 50 千米,这已经脱离了轨道。于是这个系统不再有效。在火箭中这没有很大的关系,因为所有的加速度都产生在刚开始的一段短时间内,以后它就靠惯性自由运动。然而,在飞机或者船里面,你必须经常调整系统,就像普通的定向陀螺仪,要保证它始终指向同一方向。这可以通过观察星座或太阳,但是在潜水艇里你怎样校正它呢?

好吧,如果我们有一张海底地图,如果我们驶过一个山顶或者某种东西,我们可以看到这些都在我们下面经过。但假设我们没有地图——还是有办法来核实!其思路是:地球是球形,如果我们已经确定我们沿某个方向已经走了,譬如说 100 英里,这时地球引力不再是在以前的同一方向上。如果我们没有使平台保持垂直于地球引力,加速度测量器件的输出就全部错了。因此我们要做下面的事:我们从平台是水平的情况开始,利用加速度测量器件算出我们的位置,根据这个位置,我们推算行驶中我们应当将平台怎样转动使它始终保持水平,于是我们把它转过所预期的差率使它保持水平。这是十分方便的事——而它也是节省时间的方法!

考虑一下如果有误差会发生什么情况。假设机器静止地放在一间房间里,经过一段时间,由于它建造不完善,平台不再保持水平的而微微转过一点,如图 4 - 22(a)所示。这样,加速度计中的重物就会移动,相当于有个加速度,机器计算出来的位置指示向右运动了,向着(b)。要保持平台水平的机制使它慢慢转动。当平台重新成为水平时,机器不再认为它在加速运动。然而由于表观加速度,机器还以为它在同样的方向上具有速度,所以力图保持平台水平的机制要使它非常慢地继续转动,直到它不再水平,如图 4 - 22(c)所示。事实上,它要经过加速度为零的位置,然后它会以为加速度向相反的方向。因此,我们就有了非常小的振荡,误差只会在一次振荡中累积。如果你将所有的角度、转折以及其他各种因素都综合起来,这种振荡一次需要 84 分钟。因此,只需要把器件做得足够好,在 84 分钟内有合适的准确度,因为在这个时间里它会校正自己。这十分像在飞机里的情况,在飞机上隔一定时间要用磁罗盘来校正回旋罗盘,但在现在这种情况下,机器相对于地球引力作校正,就像在人工地平仪的情况中一样。

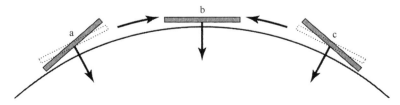

图 4 - 22 利用地球引力校正,使稳定的平台保持水平

　　以大体上相同的方式,潜水艇中的方位角器件(它告诉你哪个方向是北极)隔一定时间就要按照回旋罗盘校正。回旋罗盘在长时间周期内平均,所以船的运动不会产生任何偏差。就这样,你可以用回旋罗盘校正方位角,你可以依照地球引力校正加速度计,所以误差不会一直积累下去,只有大约一个半小时的积累。

　　在鹦鹉螺号核潜艇中有 3 个这种类型的极其巨大的平台,每一平台各在一个巨大的球体中,并排地从领航员房间的天花板悬挂下来,各个互相完全独立,如有其中一个损坏的情况下——或者,它们互相不一致,领航员就要从三台中选出最好的两台(这肯定会使他感到相当不安!)这些平台在制造的时候都有些差异,因为你不可能做到每件事都完美无瑕。细微的不精确引起的漂移都必须对每一台仪器进行测定,这些仪器都必须校准以进行补偿。

　　在喷射推进实验室里有一个实验室,在这里测试一些新的仪器。这是一个令人感兴趣的实验室,你可以考虑一下你要怎样校对这种仪器:你用不着乘船去航行,不需要。在这个实验室里,他们利用地球自转来校对仪器!如果仪器是灵敏的,由于地球的自转它会转向,并且还要漂移。通过测量漂移可以在非常短的时间内确定如何校正。这个实验室或许是世界上唯一的一个实验室,它的基本的特色——使它能发挥作用的原理——就是地球在转动这个事实。假如地球不转动,它就不能用来校正仪器了。

4-9　地球的自转效应

　　我要讲的下一个题目是地球的自转效应(除了惯性导航器件的定标)。

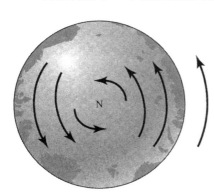

图 4-23　水流入在北极的假想排水口

　　地球自转的最明显的效应是风的大尺度运动。有一个有名的故事,你们听过一遍又一遍了,假如你有一只浴缸,你拔掉塞子,如果你在北半球,水就沿着某一个方向旋转;如果你在南半球,水就沿相反方向旋转——但你如果去试一试,这并不正确。其中假设沿着一定的方向旋转的道理是在以下的情况中:假设在海洋底部,在北极下面,有一个排水口用塞子塞住。然后我们拔掉塞子,水就开始通过排水口流出去(见图 4-23)。

海洋的半径很大,由于地球的自转,水流慢慢地随着地球围绕排水口转动。水向排水口流动过程中,从较大的转动半径变为较小的半径,所以水流必须转得越来越快以保持其角动量守恒(就好像自转着的滑冰运动员把她的双臂拉近身体时)。水流以和地球转动同样的方向转动,但水流必须转得更快,这样站在地球上的人就看到水流绕着排水口旋转。这是正确的,这是应当发生的情况。这种运动方式对风也确实有效:如果有一个地方气压低,周围的空气力图进入这区域,它不是直接进来而是从旁边绕着圈流动过来——事实上,从旁边绕行变得如此之强,空气完全不是向中心运动,实际上是绕着低气压区域旋转。

这是关于天气的一条定律:假如你在北半球面向顺风,低气压总是在左边,高气压在右边(见图4-24),其原理和地球的自转有关。(这几乎总是正确;有时在某些异常的环境中,这个定律无效,因为除了地球自转还有其他的力参与其中。)

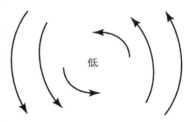

图 4-24 在北半球高气压会聚到低压地带

在你的浴缸中它失效的原因如下:造成这种现象的原因是水初始的转动——你的浴缸里的水正转动着。地球自转有多快呢? 一天一圈。你能不能保证你的浴缸里的水没有形成些微的运动,等价于一天一次绕着浴缸冲激? 没有。通常在浴缸里不断发生许多喷溅和激荡! 所以这只在足够大的尺度上,像巨大的湖泊中,才有效。湖泊中的水是十分平静的,你可以很容易演示环流并不如一天绕湖一次那么巨大。那么,如果你在湖底打一个洞,让水流出去,水就会沿正确的方向转动,正如大肆宣扬的那样。

关于地球自转还有另外几个有趣的问题。其中一个问题是地球并不是严格的一个球体;由于自转的效应——离心力使它稍稍偏离球体,为了平衡地球引力而成为扁球形。如果你知道地球所起的作用有多大,你就可以算出有多扁。如果你假设地球像理想液体,它会慢慢流动占据最终的位置。我们要问它的扁率应当是多少,你会发现在计算和测量的准确度范围内(大约百分之一的精确度)它和地球的实际扁率一致。

这对月球就不对了。按照它自转的速率,月球比它应该有的形状更不匀称。无论解释为月球还是液体的时候,自转得更快,还是凝固得很硬足以抗拒使它成为恰当的形状,或者其他可能。月球从来没有熔融过,它是由一堆流星凑合起来的——上帝在造它的时候没有做成非常精确和均衡的形状,所以它稍许有些不匀称。

　　我还要指出一个事实,扁的地球绕轴自转的自转轴不垂直于地球绕太阳公转平面(月球绕地球转动几乎在这同一平面上)。假如地球是一个球体,作用在它的中心的引力和离心力对于它的中心就会平衡。但由于它稍有不匀称,力就不平衡了;由于力图将地球的轴转到垂直于力线的方向的引力产生的转矩的存在,地球就像一个巨大的陀螺在空间进动(见图4-25)。

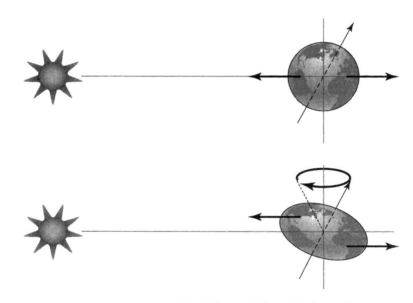

图 4-25　由于引力引起的转矩使扁球形的地球作进动

　　今天指向北极星的地球的轴实际上是在慢慢地转动,终于,它将先后指遍张角为 $23\frac{1}{2}$ 度的巨大圆锥形上面天空中的所有恒星。它要重新回到北极星需要花上26 000年,假如你从现在起到26 000年以后转世再生,你就可以不需要再学新的东西了。如果那是另一个时代,你只得学习另一种位置的"北极"星(或许是另一个名称)。

4-10　自转的盘

　　在上一讲(见《费曼物理学讲义》第1卷第20章"空间转动")我们讨论了一个有趣的事实,就是刚体的角动量不一定和角速度在同一个方向上。我们举一

个例子,以如图 4 - 26 所示的倾侧方式固定在
转动轴上的圆盘。

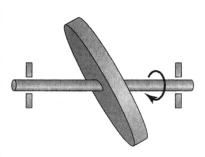

首先,我们要提醒你们一件我们已经讲过
的有趣的事:对于任何刚体,有一个通过刚体
质心的轴,刚体对这个轴的转动惯量最大。还
有另一个通过质心的轴,对它转动惯量最小。
两者总是成直角。对于图 4 - 27 所示的长方块
这很容易看出来,但令人惊奇的是这对任何刚
体都成立。

**图 4‐26 以倾侧方式固定在
转动轴上的圆盘**

这两根轴加上垂直于它们的轴合称该物体的主轴。物体的主轴具有下列特
性:物体的角动量在主轴方向上的分量等于它在该方向的角速度分量乘以物体对
这个轴的转动惯量。所以,设 i,j 和 k 为沿物体主轴的单位矢量,相应的主转动
惯量为 A,B 和 C。当物体以角速度 $\boldsymbol{\omega}=(\omega_i,\omega_j,\omega_k)$ 绕质心转动时,其角动量为

$$L = A\omega_i\,\boldsymbol{i} + B\omega_j\,\boldsymbol{j} + C\omega_k\,\boldsymbol{k}. \tag{4.1}$$

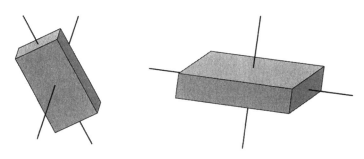

图 4‐27 长方块和它们的转动惯量最小及最大的主轴

对一个质量为 m,半径为 r 的薄圆盘,主轴是这样几条:最重要的一根轴垂
直于盘面,转动惯量是最大值 $A = \dfrac{1}{2}mr^2$;垂直于这最重要的轴具有最小值的转

动惯量 $B = C = \dfrac{1}{4}mr^2$。主转动惯量并不相等;事实上 $A = 2B = 2C$。所以当图
4‐26 中的轴被转动起来,圆盘的角动量不平行于角速度。圆盘是静态平衡的,
因为转轴通过它的质心。它不是动态平衡。当我们使轴转动时,我们还必须使
圆盘的角动量转动,所以我们必须施加一个转矩。图 4‐28 表示圆盘的角速度

$\boldsymbol{\omega}$ 和它的角动量 $\boldsymbol{L}$,以及它们沿圆盘主轴的分量。

现在考虑另一种有趣的情况:假如我们在圆盘中央放一个轴承,这样我们也可以使圆盘以角速度 $\boldsymbol{\Omega}$ 绕它的最主要的轴自转,如图 4-29 所示。

这样,当轴转动的时候,圆盘会具有轴转动和圆盘自转合成的实际角动量。如果我们使圆盘自转的方向和轴带动方向相反,如图所示,我们就减少了圆盘的沿其最主要的轴的角动量分量。事实上,由于圆盘的主转动惯量准确地为2∶1,(4.1)式告诉我们,使圆盘准确地以轴推动它转动的速率的一半作反方向的自转[即 $\boldsymbol{\Omega}=-(\omega_i/2)\boldsymbol{i}$],我们可以把这些东西结合成为不可思议的样式,就是总角动量准确地沿着轴——然后可以把轴抽掉,因为没有作用力(见图 4-30)。

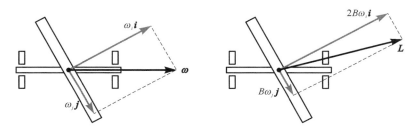

图 4-28   被轴带动自转的圆盘的角速度 $\boldsymbol{\omega}$ 和角动量 $\boldsymbol{L}$ 以及它们沿圆盘主轴的分量

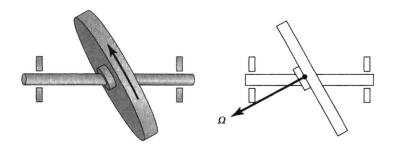

图 4-29   使圆盘以角速度 $\boldsymbol{\Omega}$ 绕它最主要的轴自转,同时使轴保持静止

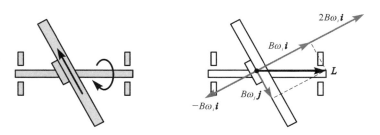

图 4-30   使轴转动,同时使圆盘绕它最重要的轴以相反方向自转,结果总角动量平行于轴

这就是自由物体转动的方式：如果你把一个物体，譬如一只盘子①*或者一个钱币，抛向空中，你可以看到它不只是绕一个轴转动。它的运动是绕它的最主要的轴自转并绕另一个斜轴的转动的极美妙的平衡组合，总的结果是角动量守恒。这造成它的晃动，地球也在晃动。

4-11　地球的章动

从地球进动的周期——26 000 年——可以证明最大的转动惯量（绕北极）和最小的转动惯量（绕通过赤道的轴）的差别只有 1/360——地球几乎就是一个球体。然而，由于这两个转动惯量确实不同，地球受到任何摄动的可能结果是绕另外某一个轴微小的转动，或者说，综合起来：地球章动并进动。

我们可以求出地球章动的频率：实际上得到是 306 天。你也可以十分精确地测出它：北极在空间晃动，在地球表面测量得到 50 尺；它前后晃动，并不是无规则的，但主要的运动周期是 439 天而不是 306 天，这里面隐含着一个奥秘。不过这个奥秘很容易解开：理论分析是对刚体做的，但地球并非刚体；它的内部是液态的糊状物，所以，首先它的周期不同于刚体的，其次，运动受到阻滞，它最后会停下来——这就是为什么章动这么小。什么原因使它产生章动，除了阻尼外还有各种无规律的因素使地球摇晃，例如风的突然运动，还有洋流等。

4-12　天文学中的角动量

开普勒发现的太阳系最引人注目的性质之一是每样东西都沿椭圆轨道运动。这最终可以用万有引力定律来解释。但是还有许许多多关于太阳系的其他

---

①　对费曼博士来说，自转/晃动的盘子有特殊的意义。他在《别逗了，费曼先生！》一书中的"受尊敬的教授"这一节末尾写道："我获得诺贝尔奖的图解和全部工作都源自浪费在晃动盘子的无聊研究。"

*　费曼在这一节中谈到，物理学对他来说是"有趣""好玩"的东西。研究物理学就好像读《天方夜谭》一样是一种乐趣。他讲到有一段时期他在自助食堂里看到有几个人把盘子丢向空中来取乐。费曼注意到盘子在自转并晃动，当盘子倾斜角度小时，转动可以比晃动快一倍。他就想到用一个复杂的方程式来描写盘子的运动。费曼从盘子的运动联想到电子轨道运动的相对论效应以及量子电动力学的狄拉克方程，等等。他"玩"物理——实际上就是研究。譬如说，他一旦开了窍，就好像打开一个瓶塞，里面的东西就自然地流出来了。开始时所做的工作好像毫无实际意义，但最后得到的东西却是非常重要的。他获得诺贝尔奖的工作就是从没有实用意义的晃动的盘子的无聊研究开始的。——译者注

情况——特别简单的东西——比较难解释。例如，所有行星看上去都大致在同一平面上绕太阳运动，除一两个例外，它们都以同样的方式绕它们的极点转动——从西向东，像地球一样；几乎所有行星的卫星都以同样的方向绕行，只有少数例外，每样东西都以同样的方式转动。一个有兴趣的问题就是要问：太阳系怎样会按这种方式运动？

在研究太阳系起源时，要考虑的最重要的问题是角动量。如果你想象大量尘埃或气体整体在引力作用下收缩，即使它只有少量的内部运动，角动量一定要保持为常数；这些"臂"向里面运动，转动惯量减少，所以角速度必定增加。很可能是，太阳系需要不断地抛出它的角动量才能继续，结果产生了行星——我们不清楚是不是这样。但是太阳系里面95％的角动量是在行星上而不是在太阳上这是事实。（太阳在自转，不错，但它只得到总角动量的5％。）这个问题讨论了不知多少次，但始终没有搞懂，当它们慢慢旋转的时候气体怎样收缩，或者尘埃如何聚到一起。大多数的讨论在开始时空谈角动量，不过当他们进一步分析的时候他们就把它忽视了。

天文学中另一个严肃的问题是关于银河系——星云——的演化。什么因素决定它们的形状？图4-31表示几种不同类型的星云：著名的普通旋涡星云（很像我们自己的银河系），棒旋星云（它的长臂从中央棒伸展出去），椭圆星云（它甚至连臂状结构也没有）。问题是：它们怎么会变得各不相同的？

当然，可能是因为各个星云的质量不同，如果你从不同数量的物质开始，你会得到不同的结果。这是可能的，但从星云的旋涡特性来看，几乎可以肯定和角动量有关系。看来很可能是，一个星云与另一星云的差别可以从原始气体和尘埃物质的初始角动量的差别（或者你假设它们开始时的随便什么东西）来解释。一些人提出的另一种可能性是不同类型的星云代表不同的演化阶段。这意味着它们都有不同的年龄——当然，这对我们的宇宙理论具有极其重大的影响：宇宙是否在同一时间爆炸，在这以后气体凝聚形成不同类型的星云？这样的话它们必定都有相同的年龄。或者星云重复不停地由空间中的碎片形成，在这种情况下它们可能有不同的年龄？

对这些星云的形成要真正了解是一个力学的问题，是一个包括角动量的问题，这是一个迄今为止还没有解决的问题。物理学家们自己要觉得难为情：天文学家一直在问："你们为什么不给我们算一算如果你有一大堆垃圾被引力拉到

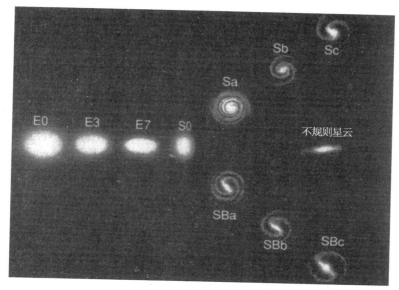

图 4‑31 不同类型的星云：旋涡星云，棒旋星云和椭圆星云

一起并且还在自转，这会发生什么？你们能不能解释一下这些星云的形状为什么这样？"还没有一个人能回答这些问题。

4‑13 量子力学中的角动量

在量子力学中，基本定律 $F = ma$ 失效。然而，有些东西保留下来：能量守恒定律保留下来；动量守恒定律保留下来；还有角动量守恒定律也保留了下来——它以非常美妙的形式保存下来，在量子力学的中心深处保存下来。角动量是量子力学分析中主要特色。这事实上就是为了能够理解原子中的现象——力学之所以如此深入量子力学的主要原因之一。

经典力学和量子力学重要的区别之一是，经典力学中一个给定的物体只要使它以不同的速率自转就可以有任意数量的角动量；在量子力学中，沿着一个给定轴的角动量不能是任意值——它只可以有整数或半整数乘以普朗克常数除 $2\pi(h/2\pi$ 或 $\hbar)$ 的数值，它从一个数值到另一数量必须以 $\hbar$ 为增量的跳跃式变化。这是和角动量联系在一起的量子力学深刻的原理之一。

最后，有趣的一个问题：我们以为电子是一个最简单的基本粒子。然而，它具有内禀角动量。我们给电子描绘的图像并不是简单到只是一个点电荷，点电荷只是具有角动量的真实客体的一种极限。它有点像经典理论中绕轴自转的物体,但并不准确:人们发现电子类似于最简单的一种陀螺,我们想象它有非常小的转动惯量,绕它的主要轴极快地旋转。并且,有兴趣的是,在经典力学中我们总是要做的第一级近似,就是忽略绕进动轴的转动惯量——这对电子来说严格正确!换言之,电子看上去像一个具有无限小转动惯量的陀螺,以无限大的角速度自转,结果就得到一个有限的角动量。这是一个极限情况;它并不严格地和陀螺一样——它更为简单。但它仍旧是一个奇异的东西。

我在图 4-13 中表示了陀螺仪的内部,你们愿意的话可以去看看。今天要讲的就是这些。

4-14 讲课后

费曼: 如果你们通过放大镜非常仔细地看,你们可以看到非常非常细的半圆形的电线,它将电力输送到盒子里面,并且它连接到外面的细针上。

学生: 这样一个东西值多少钱?

费曼: 啊,上帝知道它们值多少钱。这里面包含了如此多的精密的部件,不只是制造这东西,还要把它们全都定标和测定。看看这些极小的孔,还有这四根金针,看上去好像有一个人把它们弄弯了? 他们把这些针弯成这样就能使盒子完全平衡 。不过,如果油的密度变了,盒子就浮不起来,在油里面要沉下去或者升到上面,这样就会有力作用在支枢上。要保持油的密度正确,使盒子正好能够漂浮,你们必须用加热线圈保持它的温度精确到千分之几度。还有宝石制成的支枢,轴伸进宝石的一点就像钟表里面的一样。所以你们看,它肯定是非常贵的——我甚至不知道贵到什么程度。

学生: 有没有研究过一种陀螺仪,它是放在可以活动的杆子一端一个重物?

费曼: 是的,是的。他们一直在设想其他的方式,其他的方法。

学生: 他们没有想过减少轴承的问题吗?

费曼: 是啊,减去了一样东西又加上了别的东西。

学生: 它用了没有?

费曼: 我不知道。我们讨论的陀螺仪是迄今为止所实际使用的唯一的一种,我不认为其他的已经处在能够和它竞争的地位了,但它们都差不多。这是一个前沿的问题。人们还在设计新型的陀螺仪,新的器件,新的方法,完全可能其中有一种可以解决这些问题，例如，这种必须要把轴承做得如此精确的蠢事。如果你玩陀螺，过一会儿你就会看到它轴上的摩擦力并不小。其理由是，如果轴承做得摩擦力太小，轴就会晃动，你不得不考虑到一英寸的百万分之十——这是荒谬的。一定有更好的方法。

学生：我过去在金工车间工作。

费曼：那么你能懂得一英寸的百万分之十意味着什么：那是不可能做到的！

另一个学生：什么是铁陶瓷（ferro ceramics）？

费曼：是用磁场支持超导体的研究吗？显然，如果球上有一个指纹印，那么变化的场所产生的电流会产生一点点损耗。他们力图改进，但还没有效果。

还有许多其他聪明的想法，但我只讲一个最终建造成功的形式，包括所有的细节。

学生：这里面的弹簧特别精巧。

费曼：对。它们不仅在很小的意义上很精巧，并且在制造它们的方法的意义上也很精巧：你们知道它们是非常好的钢，弹簧钢，每样东西都恰到好处。

这类的陀螺仪其实是不现实的。要把它做成所要求那样精确是如此的困难。它必须在绝对没有灰尘的房间里制造——人要穿上特殊的大衣、手套、长靴和面罩，因为如果在这些东西里面一个部件上沾有一粒灰尘就会造成摩擦力而产生错误。我敢打赌他们报废的比做成功的还多，因为每个部件都必须如此仔细地制造。它不是你拼合出来的小玩意；那是极其困难的。这样异常的精密度到了我们当前能力的边界。所以这是很有兴趣的。当然，你可以发明或构思出对它的任何改进都是了不起的事情。

主要问题之一是当盒子的轴偏离中心并且转动起来；这样你测量到绕错误的轴的扭转，于是你会得到古怪的答案。但从我看来不言而喻的是（或者几乎是——我可能错了），这不是本质问题；一定会有某种方法支持一个旋转着的东西使得支持力跟随引力中心变动。同时，你可以测出它正被扭曲，因为扭曲与偏离引力中心是不同的。

我们要做的是得到一台直接测量对引力中心扭曲的器件。假如我们能够想出一种方法，保证测量扭曲的器件测量的肯定是相对于引力中心的，如果引力中心晃动它不会出现任何差别。如果整个平台总是在晃动，你试图测量的东西也作同样类型的运动，这样就没有办法摆脱它。但是这种偏离中心的飞轮并不正好是和你要测量的东西同样的,所以必定有某种出路。

学生:机械/模拟积分器即将过时,一般说来,人们是否更喜欢用电子/数字的器件?

费曼:正是这样。

大多数积分器件是电的,有两种一般类型。一种是所谓"模拟":这种器件用物理方法,这种方法之一的测量结果就是某个东西的积分。例如,如果你有一个电阻,你加上一定的电压,通过电阻就有一定的电流,电流正比于电压。如果你是测量总电荷而不是电流,你知道这就是电流的积分。当我们通过测量角度将加速度积分——这是一个力学的例子。你们可以用各种方法来做这种类型的积分,无论它是力学的还是电学的,它们都没有什么区别,通常是用电的方法——但这仍旧是模拟方法。

还有另外一种方法,提取出信号并把这信号转换成例如频率。把信号转换成许多脉冲,当信号较强时产生脉冲更快。然后计算脉冲数目,你们明白吗?

学生:将脉冲的数目加起来,是吗?

费曼:就是计算脉冲的数目;你可以用一个像小型计步器那样的器件来进行计数,每一个脉冲按一次,或者你可以用电的方法,即用带有来回翻转状态电子管来做这事。然后,你如果要把它再积分,你可以用数值方法来做这些事——就像我们在黑板上做数值积分。你实质上是做一台加法机——不是积分器,而是加法机——我们用这加法机把数加起来,只要你设计正确,这些数里面不会出现明显的误差。所以由于积分器件引起的误差可以减少到零,不过,测量设备中,如摩擦力之类引起的误差仍旧存在。

他们在实际的火箭和潜水艇中还没有大量使用数字积分器。但是他们正在向这方向努力。他们可以消除积分机不精确所产生的误差——他们可以消除,只要你把信号转换成他们所说的数字信息——许多点——可计数的东西。

学生:这样你就有了一台数字计算机?

费曼:这样你就有了某种类型的小型数字计算机,它做两次数值积分。从长远来看这比模拟方法更好。

当前计算机大部分是模拟的,很可能将来都要转为数字式——大概在一年或两年内——因为里面没有误差。

学生:你可以用一百兆周逻辑!

费曼：速度不是最本质的；只是一个设计的问题。模拟积分器现在已经觉得太不精确了，最简单的办法就是改成数字式。我猜想，这或许就是下一步。

当然，实际的问题在于陀螺仪本身；它必须做得越来越好。

学生：多谢这有关应用的讲课。你是不是认为在这学期里以后还会讲更多一些？

费曼：你喜欢这类有关应用的内容？

学生：我打算将来去搞工程。

费曼：很好。这当然是机械工程中最美妙的东西之一。

我们来试一试……

——它开动了吗？

学生：没有。我想插头没有插上。

费曼：啊，对不起。好了，现在接通电源。

学生：我这样做了，它说是"关"。

费曼：什么？我不知道怎么回事。没关系，很遗憾。

另一个学生：能不能请你再说一遍科里奥利力怎样作用在陀螺上？

费曼：好。

学生：我已经知道它怎样作用在旋转木马上。

费曼：很好。这里是一个绕它的轴旋转的轮子——像转动着的旋转木马。我要证明，为了使轴转向，我必须抵抗进动……或者说，支持轴的杆子上产生应变，明白吗？

学生：明白。

费曼：现在，我们来看看当我们使轴转向的时候陀螺飞轮上面一个特定质点实际上的运动方式。

假如整个飞轮没有转向，答案应当是粒子沿一个圆周运动。有离心力作用在它上面，离心力被飞轮沿轮辐作用的拉力所平衡。但飞轮是在非常快速地自转。当我们使轴转向的时候，飞轮也要转向，这一小块物质跟着飞轮也要转向一同运动，你明白吗？一开始它是在此地；现在它到了这里：我们已经使它跑到上面，陀螺转向了，于是这一小块物质走了一条曲线。好，当你沿曲线运动的时候你必须用力拉——它产生离心力，如果它沿曲线运动就必定是这样。这个力不会被沿着轮辐的力平衡，轮辐的力是径向的；它需要被某个飞轮上的侧向推力来平衡。

学生：啊！这样！

费曼：所以当旋转轴在转向的时候要支持住转轴，我必须向侧面推它。你随我做做看？

学生：好啊。

费曼：还有一点要指出。你会问，"如果有一个侧向力为什么整个陀螺不沿侧向力的方向运动？"答案当然是，飞轮的另一边按相反的方向运动。如果你在飞轮转向的时候跟踪它另一边的粒子，你做同样的事情，就会发现那一边有一个相反方向的力。所以没有净力作用在陀螺上。

学生：我开始明白了，但我还不明白飞轮的转向有什么差别。

费曼：好，你看，它在世界上造成了所有的区别，它转得越快，效应就越强——虽然要知道为什么要花一点时间。因为如果它转得更快，那么上面的质点形成的曲线轨迹就不是很明锐。另一方面，它转得更快，就有用一点与另一点比照核对的问题。不管怎样，我们发现它走得更快时力就更大——事实上正比于速率。

另一个学生：费曼博士……

费曼：是，先生。

学生：你真的能心算 7 位数字乘法吗？

费曼：不，这不是真的。甚至说我能够心算两位数字乘法也不是真的。我只能做一位数字的乘法。

学生：你认识华盛顿中央大学（Central College）的任何一位哲学老师吗？

费曼：为什么？

学生：是这样，我有一个朋友在那里。我曾有一阵子没有见到他，后来一次在圣诞节假期他问我这些日子里一直在干什么。我告诉他我进了加州理工学院。于是他问我，"你们那里是不是有一位叫费曼的老师？"——因为他的哲学老师告诉他在加州理工学院有一个名叫费曼的家伙，他能心算七位数的乘法。

费曼：胡说。但我会做别的事情。

学生：我能不能照几张仪器的照片？

费曼：可以！你是要一张近照还是什么？

学生：我看这样就很好，但主要是因为这是使我不会忘记你的一样东西。

费曼：我也不会忘记你的。

5 习题选[①]

下面的习题由《基础物理学习题》的各章分成小节组合起来。括号里提供了《费曼物理学讲义》第 1—3 卷中相应内容的卷、章位置。例如,5-1 节中习题的题目,"能量守恒,静力学(第 1 卷,第 4 章)"是在《费曼物理学讲义》第 1 卷第 4 章中讨论的。

每一小节中的习题按照难度细分成几类。它们在每一小节里出现的次序是:容易的习题(*),中等习题(* *),深奥而复杂的习题(* * *)。平均程度的学生做容易的习题应当没有困难,并且应当能够在适当的时间里——每题大约 10 到 20 分钟——做出大多数中等习题。更复杂的习题通常需要对物理有较深入的理解或更广泛的思路,主要为了使较好的学生感兴趣。

下文中图序号与题目序号一致,如图 1-1 表示题目 1-1 所对应的图。

5-1 能量守恒,静力学(第 1 卷,第 4 章)

*1-1 半径为 3.0 cm 及重量为 1.00 kg 的球,静止于和水平面倾斜 α 角的平面上,它的一边紧靠垂直的墙面。两个表面上的摩擦力都可忽略不计。求球对各个平面的压力。

*1-2 图中所示的是静力平衡系统。利用虚功原理求 A 和 B 的重量。忽略绳子的重量和滑轮的摩擦。

*1-3 将重量为 W、半径为 R 的轮子推上高度为 h 的台阶,需用多大的水平力(作用于轴上)?

---

① 采自罗伯特 • B • 莱顿和罗丘斯 • 沃格特《基础物理学习题》,1969,艾迪生-卫斯利,Library of Congress Catalog Card No 73 - 82143。参见本书迈克尔 • 戈特利勃的导言中"习题"一节。

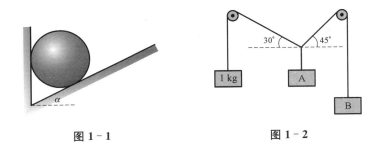

图 1-1   图 1-2

**1-4   如图所示,质量 M_1 的滑块在高度 H 的 45°斜面上滑动。该滑块通过一根质量可以忽略的柔性绳索,绕过一个小滑轮(忽略它的质量)连结到垂直悬挂的相等质量 M_2 上,如图所示。绳索的长度正好使两个质量都静止在 $H/2$ 的高度。滑块和滑轮的线度比之于 H 都可忽略不计。在 $t=0$ 时,两个滑块同时被释放。

a) 对 $t>0$,计算 M_2 的垂直加速度。

b) 哪一个质量向下运动,它在什么时刻 t_1 撞击地面?

c) 假设(b)中的滑块在撞击地面时停止,而另一滑块继续运动,证明它是否会撞到滑轮。

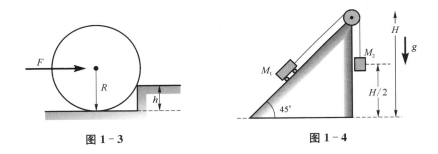

图 1-3   图 1-4

**1-5   重量为 W、长度为 $\sqrt{3}R$ 的板,放在半径为 R、光滑的圆形凹槽上。板的一端有一重量 $W/2$ 的物体。求平衡时板与水平线的角度 θ。

**1-6   世界博览会的院子里的一个装饰物是由四个相同的、无摩擦的金属球组成,每个球重 $2\sqrt{6}$ 吨。这些球的安放如图所示,三个球放在水平面上,并互相接触;第四个球自由地放在其他三个球上。下面三个球相互接触的点用点焊焊住使不致分离。若允许的安全系数为 3,那么点焊必须承受多大的张力?

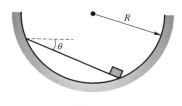

图 1-5

俯视图 平视图

图 1-6

**1-7 一个质量为 $M=3$ kg 的线轴,芯子是半径 $r=5$ cm 的圆柱,两端各有半径 $R=6$ cm 的圆板,放在一个带槽沟的斜面上,它会沿槽沟滚动但不滑动。一个质量 $m=4.5$ kg 的重物悬挂在绕线轴芯子圆柱的绳子上。观察到系统处在静平衡状态中,斜面的倾斜角 θ 是多少?

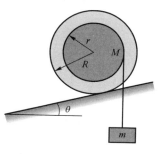

图 1-7

**1-8 斜面上的一辆小车被重量 w 平衡,所有部件的摩擦力都可忽略。求小车的重量 W。

**1-9 横截面为 A 的水箱装有密度为 ρ 的液体,液体从低于液体自由表面距离 H 处的一个面积为 a 的小孔自由地喷出。设液体没有内摩擦(黏性),它喷出时的速率是多少?

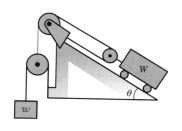

图 1-8

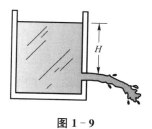

图 1-9

5-2 开普勒定律和万有引力(第 1 卷,第 7 章)

*2-1 地球轨道的偏心率是 0.016 7。求它轨道运动的最大速率和最小速率之比值。

**2-2 真实的"地球同步轨道卫星 Syncom"绕地球同步转动。它总是相对于地球表面上一点 P 保持固定不变的位置。

a）考虑地球中心和卫星连结的直线。如果 P 点是这直线和地球表面的截点，P 能否有任何地理纬度，或必须有什么约束？试说明之。

b）从地球中心到质量为 m 的同步卫星的距离 r_s 是多少？用地球到月球距离 r_{em} 为单位表示 r_s。

提示：把地球看作均匀的球体，你可以设月亮周期为 $T_m = 27$ 天。

5-3 运动学(第1卷,第8章)

*3-1   负载科学仪器的高空探测气球以每分钟 1 000 英尺的速率上升。在高度 30 000 英尺时气球爆裂,负载自由下落。(这类灾难确实会发生!)

a）经多少时间负载落到地面？

b）负载撞击地面时速率多大？

忽略空气阻力。

*3-2   设列车可以加速度 20 cm/s² 加速,以 100 cm/s² 减速。求列车在相距 2 km 的两个车站间运行的最短时间。

*3-3   假如你在有阻力的真实空气中垂直向上抛掷一个小球,它上去和下来哪一个要更长的时间？

**3-4   在一次课堂演示中,一个小钢球从钢板上弹起。在每一次反弹中,小球到达钢板的速率在反弹后减少一个因子 e,就是：

$$v_{向上} = e \cdot v_{向下}$$

设开始时,$t=0$,小球从钢板上方高度 50 cm 处落下,30 s 后,麦克风的声音静寂,表明小球停止弹跳。e 的数值是多少？

**3-5   汽车驾驶员跟着一辆卡车行驶时,突然发觉卡车后轮的两只后轮胎之间夹着一块石头。作为一个谨慎的驾驶员(也是一个物理学家),他立即使他和卡车的距离增加到 22.5 米,这样当石块松开飞出的情况下不致砸到他的车。卡车的运动速率是多大？(设石块在冲击地面时不会反弹。)

***3-6   没有和郊区交通警察打过交道的一位加州理工学院一年级新生,刚收到一张超速违章单据。因此,当他来到公路水平路段的"速率计测试"区时,他决定校验他的速率计读数。当他通过测试区起点的标记"0"时,他按下他的加速度计并在测试的整个时段内他使车子保持匀加速运动。他注意到当他经过

0.1 英里标杆时正好是他开始测试后 16 秒。8.0 秒后,他通过 0.20 英里标杆。

a) 在 0.20 英里标杆处他的速率计读数是多少?

b) 他的加速度是多少?

***3-7 在爱德华兹空军基地的水平测试长轨道上,火箭和喷气马达都可试验。某一天,一台火箭发动机从静止开始,匀加速直到燃料消耗完以后它匀速前进。观察到火箭燃料用完时正当火箭经过测量的测试距离的中点。然后一台喷气马达从静止开始沿轨道运动,在整个路程中加速度是一个常数。观察到火箭和喷气马达二者都以完全相同的时间走完测试距离。喷气马达的加速度和火箭马达的加速度之比是多少?

5-4 牛顿定律(第 1 卷,第 9 章)

*4-1   两个质量都是 $m=1$ kg 的物体,用一根长度 $L=2$ m 的紧绷的绳子连结,以不变的速率 $V=5$ m/s 绕它们共同的中心 C,在零 g 的环境中沿圆形轨道运动。绳子上的张力为多少牛顿?

**4-2   多大的水平力 F 必须不停地作用在 M 上使得 M_1 和 M_2 相对于 M 不动? 忽略摩擦力。

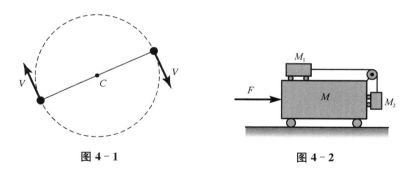

图 4-1   图 4-2

**4-3   图中所示的是测量重力加速度的一种古老装置,称为阿特伍德机。滑轮 P 和绳索 C 的质量和摩擦都可忽略。系统中两边都用相等的质量 M 保持平衡,如图所示(实线)。然后在一边加上一个游码 m。两个质量的组合起来就产生加速度,经过一定的距离 h 后,游码被一个环截住,然后两个相等的质量以不变速率 v 运动。用已知的 m、M、h 和 v 表示 g 的值。

***4-4   一个重 180 磅的油漆工在高层建筑一边悬挂的"高空作业椅"上

工作,他要想很快运动,他用力向下拉起重机的绳索,结果他作用于椅子上的压力只有 100 磅,椅子本身的重量为 30 磅。

  a) 油漆工和椅子的加速度是多大?

  b) 滑轮所支持的全部力多大?

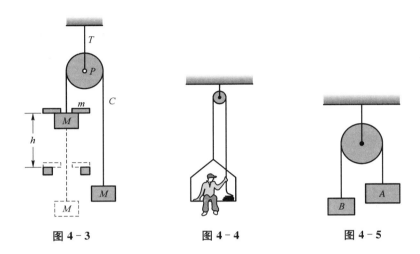

图 4-3   图 4-4   图 4-5

  ***4-5 一个准备到月球上去的空间旅行者有一台弹簧秤和一个质量为 1.0 kg 的物体 A。在地球上把 A 挂在弹簧秤上得到读数为 9.8 牛顿。到达月球某处,这里的重力加速度的准确数值不知道,但知道大约是地球表面重力加速度数值的 1/6。他拾起一块石块 B,用弹簧秤来称它,给出读数为 9.8 牛顿。然后他把 A 和 B 挂在一个滑轮上,如图所示。观察到 B 以加速度 $1.2 \text{ m} \cdot \text{s}^{-2}$ 下落,石块 B 的质量是多少?

5-5 动量守恒(第 1 卷,第 10 章)

  *5-1 两个滑块在一根水平的气垫导轨上自由运动。一个滑块静止,另一滑块与它完全弹性碰撞。它们以相等、相反的速度弹开。它们的质量比是多少?

  **5-2 一挺机关枪架在 10 000 kg、5 m 长的平台的北端,平台可以在水平的气垫上自由运动。子弹射入装在平台南端很厚的靶中。机枪每秒发射 10 颗质量为 100 g、枪口速度 500 m/s 的子弹。

  a) 平台是否运动?

  b) 向哪个方向?

c) 有多快?

5-3 单位长度质量为 μ 的链条,在 $t=0$ 时静止在桌面上。以不变的速率 v 将它垂直提起。估算作为时间函数的向上提举的力。

5-4 来复枪子弹的速率可以用冲击摆来测定。已知质量 m,速率 V 未知的子弹射入质量为 M 的静止木块,木块悬挂构成长度 L 的摆。子弹射入木块使它摆动,摆动幅度 x 可以测量,利用能量守恒,木块在子弹撞击后即时的速度可以求出。用 M、L 和 x 表示子弹的速率。

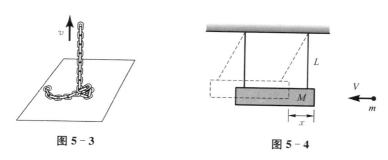

图 5-3　　　　　　　　图 5-4

5-5 两个质量相等的滑块在水平的气垫导轨上以相等、相反方向的速度 v 和 $-v$ 运动,它们作近乎弹性碰撞,反弹后速度变得较小。在碰撞中它们的动能损失了很小的一部分 $f \ll 1$。如果这两个同样的滑块中一块原来静止不动,碰撞后第二个滑块运动速率是多大?(很小的剩余速率 Δv 很容易用原来静止滑块的末速率 v 来表示,从而弹簧缓冲器的弹性就可以确定。)

提示:如 $x \ll 1$,则 $\sqrt{1-x} \approx 1-\frac{1}{2}x$。

5-6 质量为 10 kg、平均截面积为 0.50 m² 的地球人造卫星沿圆形轨道在 200 km 高度运行,该处大气分子平均自由程是若干米,大气密度大约 1.6×10^{-10} kg·m⁻³。做粗略的假设,分子和卫星的碰撞实际上是非弹性的(但分子并不是按字面上的意义粘在卫星上,而是以相对低的速度离开)。计算由于空气摩擦,卫星受到的减速力。这种摩擦力怎样随速度而变化?卫星的速率是否会因作用在它上面的净力影响而减小?

5-6 矢量(第1卷,第11章)

6-1 一个人站在宽度为 1 英里的河岸上,他想游到河的正对岸。他有两种方法去做:(1)对着上游某个地方游去,其结果是直接横穿河流。(2)向正对面游去,水流将他带到下游某地点上岸,从这里沿河岸步行到目的地。设他游泳速率 2.5 英里/时,步行速率 4.0 英里/时,水流速率为 2.0 英里/时。哪种方法是渡河最快的方法,快多少?

**6-2   一艘摩托艇以恒常速率 V 相对于水行驶,水在直的运河中以不变速率 R 平稳地流动。首先,摩托艇从锚地出发,向着正上游距离为 d 的地点作来回行驶。然后它再从锚地出发,直接横穿运河到距离 d 的地点往返行驶。为简单起见,假设在所有情况中摩托艇都以全速行驶,并且在向外行程的终点到返回过程中没有损失时间。令 t_V 是船沿着水流在同一条线上往返航行所用的时间,t_A 为船横穿水流往返所用的时间,t_L 为船在平静的湖中行驶 $2d$ 路程所用的时间。

a)比例 t_V/t_A 是多少?

b)比例 t_A/t_L 是多少?

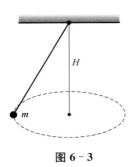

图 6-3

**6-3   质量 m 悬挂在任意长度的绳索下端,绳索上端由无摩擦的支点固定。使该质量沿水平的圆形轨道旋转。轨道平面在支点下面,距离为 H。求质量在它的轨道上旋转的周期。

***6-4   你在向东以 15 节速率匀速航行的船上。观察到另一艘船在你的南方 6 英里处稳定的航线上,已知它的速率为 26 节;后来看到它经过你的后面,最近的距离为 3.0 英里。

a)另一艘的航线是怎样的?

b)它的位置在你的南面到离开你最近的位置之间有多少时间?

5-7   三维空间中非相对论两体碰撞(第 1 卷,第 10 章和第 11 章)

**7-1   一个质量为 M 的运动着的粒子和一个质量 $m<M$ 的静止粒子作完全弹性碰撞。求入射粒子被偏转的最大可能角度。

**7-2   质量为 m_1 的物体以直线速率 v 在实验室系中运动,和静止在实验室中的质量为 m_2 的物体碰撞。碰撞以后,观察到在碰撞过程中,从质心系观察到动能损失了 $(1-\alpha^2)$。在实验室系中能量损失的百分比是多少?

**7-3   动能为 1 MeV 的质子和静止的原子核弹性碰撞并被偏转到 90°方

向。如质子现在的能量变为 0.80 MeV,靶原子核的质量用质子质量为单位表示应是多少?

5‑8 力(第 1 卷,第 12 章)

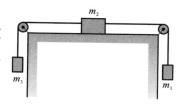

图 8‑1

*8‑1 两个质量 $m_1 = 4$ kg, $m_3 = 2$ kg,用重量可以忽略的绳子通过无摩擦的滑轮连接到第三个质量 $m_2 = 2$ kg 上。质量 m_2 在摩擦系数为 $\mu = 1/2$ 的长桌上移动。系统从静止释放后,质量 m_1 的加速度是多少?

**8‑2 一颗 5 g 的子弹水平地射进静止在水平表面上的 3 kg 木块中。在木块和表面之间的滑动摩擦系数是 0.2。子弹陷在木块中,观察到木块沿表面滑动 25 cm。子弹的速度为多大?

**8‑3 在考察汽车事故现场时,警察通过测量发现,A 车在和 B 车碰撞之前留下刹车滑行痕迹 150 英尺长。他们还知道在橡胶和事故现场的路面之间的摩擦系数不小于 0.6。证明车 A 在事故前的瞬间车速一定超过了明示的速率极限每小时 45 英里。(提示:60 英里/时=88 英尺/秒,重力加速度=32 英尺/秒²)。

**8‑4 一辆有空调的校车到达和铁路交叉的道口。一个孩子将一个氢气球拴在座位上。你观察到气球的系绳与垂直线成 30°角,偏向校车运动方向。驾驶员正在将车子减速还是在加速,大小如何?(公路巡查员对驾驶员的技术会做怎样的评价?)

***8‑5 重量为 W 的质点静止于粗糙的斜面上,斜面和水平面成 α 角。

a)设静摩擦系数 $\mu = 2 \tan \alpha$,求能够引起质点运动的横着斜坡作用于质点的最小水平力 $H_{\min}$。

b)它将沿哪个方向运动?

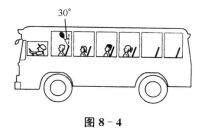

图 8‑4

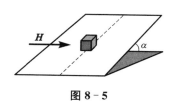

图 8‑5

5-9 势和场(第1卷,第13章和第14章)

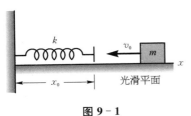

图 9-1

*9-1 质量 m 和弹簧常量为 k 的弹簧碰撞。它第一次停止在哪一个位置?忽略弹簧质量。

*9-2 空心球形小行星在空间自由运动。它的内部有一个质量 m 的微小粒子。球内部哪一点是粒子的平衡位置?

*9-3 物体摆脱地球引力场需要的速率(近似地)等于 7.0 英里/秒。给一个行星际探测器初速度 8.0 英里/秒,正好到达地球大气层之上。当它距地球 10^6 英里时,相对于地球运动的速率有多大?

**9-4 一辆小型、无摩擦的车子沿倾斜的轨道滑行,轨道下端有半径为 R 的垂直圆形环路。要使小车不离开轨道,小车必须从垂直环路顶点以上多大的高度 H 开始下滑?

**9-5 长度为 L 的柔性电缆,其重量线密度为 M kg/m,挂在一个质量、半径和摩擦都可忽略不计的滑轮上。开始时电缆正好平衡,给它微小的推动,破坏了平衡,于是它开始加速运动。求当其末端离开滑轮时的速率。

**9-6 一个质点在半径为 R 的无摩擦的球体的顶点从静止开始在重力作用下沿球面滑动。到飞离球面以前,它从起点滑下了多少路?

**9-7 重 1 000 kg 的汽车用一台额定功率为 120 kW 的引擎发动。如在 60 km·h^{-1} 的速率时这台引擎发挥出这一功率,在这速度下汽车可以达到的最大加速度是多少?

**9-8 推铅球、掷铁饼和掷标枪的世界纪录(1960年)分别是 19.30 m、59.87 m 和 86.09 m。上述这些投掷物的质量分别是 7.25 kg、2 kg 和 0.8 kg。试比较各位创纪录者在他们创纪录的一次投掷中所做的功。假设各轨道都起始于地平线以上高度 1.80 m,初始仰角 45°,忽略空气的阻力。

***9-9 一个质量为 m 的卫星在圆形轨道上绕一个质量 $M(M \gg m)$ 的小行星运动。假如小行星的质量突然减少[①]到原来值的一半,卫星会发生什么变

① 这可能在这种情况下发生:卫星被安置在离小行星很大的距离上以监视小行星上核武器试验。爆炸排出小行星质量的一半,而不直接影响远距离的卫星。

化? 描写它新的轨道。

5‑10 单位和量纲(第 1 卷,第 5 章)

*10‑1 生长在不同行星上的两位宇宙物理学家莫伊和乔伊在一次关于重量和测量的行星际专题讨论会上相遇,讨论建立一个普适的单位系统。莫伊自豪地描述了地球上所有文明地区都使用的 MKSA 系统的优点。乔伊同样自豪地描述了太阳系所有其他部分使用的 M′K′S′A′ 系统的美妙。假设联系两个系统的基的质量、长度和时间标准的因子是 μ、λ 和 τ,于是:

$$m' = \mu m, \; l' = \lambda l, \text{以及} \; t' = \tau t$$

那么,速度、加速度、力和能量在这两个系统之间变换的因子是什么?

**10‑2 如果要按比例做一个太阳系的模型,用和太阳及地球同样相对平均密度的材料来制造,但所有的线度按比例因子 k 减小,行星的旋转周期如何依赖于 k?

5‑11 相对论性能量和动量(第 1 卷,第 16 章和第 17 章)

*11‑1

a) 用动能 T 和静止能量 $m_0 c^2$ 表示粒子的动量。

b) 动能等于它的静止能量的粒子速度是多少?

**11‑2 一个静止 π 介子($m_\pi = 273 \, m_e$)衰变成一个 μ 子($m_\mu = 207 \, m_e$)和一个中微子($m_\nu = 0$)。求用 MeV 表示的 μ 子和中微子的动能和动量。

**11‑3 质量为 m,以速度 $v=4c/5$ 运动的粒子,和同样的静止粒子非弹性碰撞。

a) 组合粒子的速率是多少?

b) 它的质量是多少?

**11‑4 一个光子(γ)被静止的质子吸收会产生质子——反质子对。

$$\gamma + P \longrightarrow P + (P + \bar{P})$$

光子必须具有的最小能量 E_γ 是多少?(用质子静止能量 $m_p c^2$ 表示 E_γ)。

5-12 二维空间中的转动,质心(第一卷,第18章和第19章)

**12-1 一个密度均匀的圆盘上挖去一个圆孔,如图所示,求质心。

**12-2 一个固体圆柱的四个象限有不同的密度,如图所示。图中数字表示相对密度,如 $x-y$ 轴按图所示,则通过原点并通过质心的直线的方程式怎样表示?

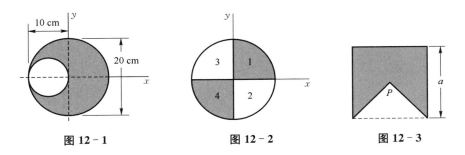

图 12-1   图 12-2   图 12-3

**12-3 有一片正方形的均匀金属片,从它的一边截下一片如图所示的等腰三角形,如要求在截去的三角形的顶点 P 的位置将剩下的金属片悬挂起来,它在任何位置都会保持平衡。被截除的三角形的高度应该是多少?

**12-4 质量 M_1 和 M_2 放在长度 L、质量可以忽略的刚性棒的两端;M_1 和 M_2 的线度比之于 L 可以忽略。使棒绕垂直它的轴转动。为了使棒以角速度 ω_0 转动所需要的功为最小值,转轴应该通过棒的哪一点?

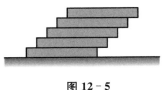

图 12-5

***12-5 长度为 L 的均匀砖块平放在光滑的水平表面上。将另一些同样的砖块叠放到它上面,如图。这些砖块的左右两边形成连续的平面,但每一砖块的端点都与前一块相互错开一个距离 L/a,其中 a 是一个整数。用这种方式最多可以叠上多少块砖而不致倒塌?

***12-6 如图所示的旋转节速器设计成当和节速器直接连接着的机器转速达到每分钟 120 转(120 rpm)时关闭动力。操纵环 C 重 10.0 磅,它能无摩擦地沿垂直杆 AB 滑动。C 被设计为当距离 AC 减少到 1.41 英尺时关闭

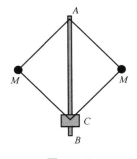

图 12-6

动力。设节速器框架无摩擦的支枢之间的四根连杆各长 1.00 英尺,可以不考虑它们的质量。如要节速器能够按所要求的条件操作,质量 M 的数值应该是多少?

5-13 角动量,转动惯量(第 1 卷,第 18 章和第 19 章)

*13-1 一根长度为 L、质量 M 的直而均匀的金属线在其中点 A 弯折,形成角度 θ。对于通过 A 点并垂直于弯折线所决定的平面的轴的转动惯量是多少?

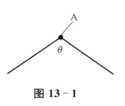

图 13-1

*13-2 质量 m 挂在绕过质量 M、半径 r 的圆柱体的绳子上,圆柱体的轴和轴承间的摩擦力可忽略,如图所示。求 m 的加速度。

**13-3 一根质量为 M、长度为 L 的水平放置的细杆,一端放在支点上,另一端用绳子悬挂。当绳子刚被烧断时杆子即时作用在支点上的力有多大?

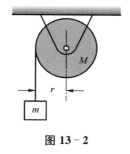

图 13-2

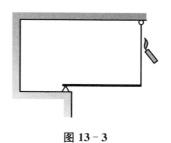

图 13-3

**13-4 一个对称的物体从静止开始沿高度为 h 的斜面(无滑动地)滚下。对物体质心的转动惯量为 I,其质量为 M,滚动表面和斜面接触的半径为 r。求到达斜面底部时质心的线速度。

**13-5 在一条与水平成 θ 角的无限的传送带上放着一个均匀的圆柱体,它的轴水平并垂直于传送带边缘。圆柱体可以在传送带表面无滑动地滚动。传送带应当怎样运动使得圆柱体在自由释放后,它的轴始终不动。

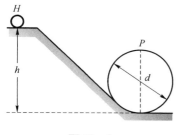

图 13-6

**13-6 半径为 r 的圆环无滑动地滚下斜面,起始高度为 h 时,圆环获得的速度正好沿垂直圆轨道转一圈,——就是说,在圆轨道顶点,圆环正好和轨道接触。h 等于多少?

***13-7   半径 R、质量 M 的均匀的保龄球开始抛出时使它以速率 V_0 在摩擦系数为 μ 的滑道上滑动而不滚动,球走了多远开始滚动而不滑动,这时速率是多少?

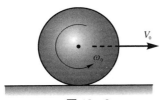

图 13-8

***13-8   一个有趣的把戏是在水平的桌面上用手指将一个弹子往下压挤,使弹子沿桌面以初始线速度 V_0 向前射出,同时弹子有一个初始向后转动的角速度 ω_0,ω_0 是对于绕垂直于 V_0 的水平轴的转动。弹子和桌面的滑动摩擦系数是常数。弹子的半径为 R。

a) 在 V_0、R 和 ω_0 之间必须有怎样的关系才能使弹子滑动到完全停止?

b) V_0、R 和 ω_0 之间要有怎样的关系才能使弹子滑动到停止并随后开始回头向起始位置运动,并且其最终的恒常线速度为 $3/7\ V_0$?

5-14   三维空间中的转动(第 1 卷,第 20 章)

*14-1   一架喷气式飞机上的所有引擎都按右手螺旋指向飞行的方向旋转。飞机向左转弯时,引擎的陀螺效应倾向于使飞机:

a) 向右滚动。

b) 向左滚动。

c) 向右偏航。

d) 向左偏航。

e) 向上抬起。

f) 向下沉降。

**14-2   两个相同的质量用柔软的绳子连接起来。实验人员用手抓住一个质量并使另一个质量在水平的圆周上绕手上的质量运动,然后他松手放掉抓住的质量。

a) 如果绳子在实验中断掉,它是在放手以前还是在放手以后断掉。

b) 如果绳子没有断,描写放手后两质量的运动。

**14-3   质量 m、半径 R 的木质细圆环静止在无摩擦的水平桌面上。一颗质量也是 m 的子弹以水

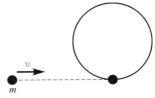

图 14-3

平速度 v 撞击圆环并嵌入其中,如图所示。计算质心速度,系统对质心的角动量,圆环的角速度 ω,以及碰撞前后系统的动能。

14-4 一根质量 M 和长度 L 的细杆平放在无摩擦的水平面上。一小块质量也是 M 的油灰,沿桌面垂直地向着杆子以速度 v 撞击杆子的一端并粘在上面,在非常短时间中发生非弹性碰撞。

a) 碰撞前后系统的质心速度是多少?

b) 碰撞前后系统对于它的质心的角动量是多少?

c) 碰撞前后(对它的质心)角速度是多少?

d) 碰撞中损失了多少动能?

14-5 一根质量为 M、长度为 L 的均匀细杆 AB 可以在垂直平面中绕位于端点 A 的水平轴自由转动。一块质量也是 M 的油灰,在杆子静止时以速度 V 水平地投向杆子下端 B。油灰粘在杆子上,要使杆子能绕 A 转圈,油灰在碰撞前最小的速度应是多少?

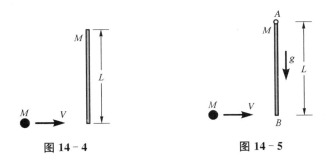

图 14-4   图 14-5

14-6 静止的转台 T_1 上安装着以角速度 ω 转动的另一转台 T_2。在某一时刻,一个内部的离合器作用在 T_2 的轴上使 T_2 相对于 T_1 停止,但 T_1 仍可以自由转动。T_1 本身具有质量 M_1 和相对于通过它的中心并垂直于它的平面的轴 A_1 的转动惯量 I_1。T_2 具有质量 M_2 和对于同样安置的轴 A_2 的转

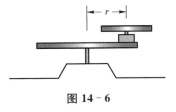

图 14-6

动惯量 I_2。A_1 和 A_2 的距离是 r。求 T_2 停止后 T_1 的 Ω。(Ω 是 T_1 的角速度。)

14-7 一根质量为 M、长度为 L 的直立杆子在它的基础上受到与水平成 $45°$ 的向上冲量 J,这冲力使杆子飞起。J 应有多大的数值使得杆子重又垂直

落下(即直立在 J 作用的一端上)?

***14-8 转动惯量 I_0 的转台可自由地绕空心的垂直轴转动。质量为 m 的小车无摩擦地在转台的径向直线轨道上运动。一根连接小车的绳子通过小滑轮向下进入空心轴。开始时整个系统以角速度 ω_0 转动,小车在离轴距离 R 的位置。然后小车被作用在绳子上附加的力向里拉,最后到达半径 r 处,让它停留在这个位置。

a）系统新的角速度是多少?

b）详细证明系统在两种情况下能量的差等于向心力做的功。

c）如放开绳子,小车将以多大的径向速率 $\mathrm{d}r/\mathrm{d}t$ 通过半径 R 处?

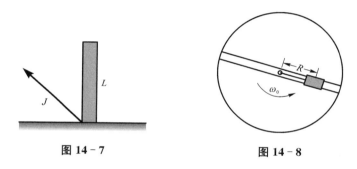

图 14-7　　　　　　　　　　**图 14-8**

***14-9 质量为 10.0 kg,半径 1.00 m 的均匀薄圆板形状的飞轮装在通过它的质心的轴上,轴和飞轮平面成 1°0′ 的角度。如它以角速度 25.0 弧度·秒$^{-1}$转动,轴承上需要施加多大的转矩?

习题答案

1-1 $F_P = \dfrac{1}{\cos\alpha}$ 千克重，$F_W = \tan\alpha$ 千克重

1-2 $A = \left(\dfrac{1}{\sqrt{2}} + \dfrac{\sqrt{3}}{2}\right)$ 千克重，$B = \sqrt{\dfrac{3}{2}}$ 千克重

1-3 $F = W\dfrac{\sqrt{h(2R-h)}}{R-h}$

1-4 a) $a = -\dfrac{1}{2}\left(1 - \dfrac{1}{\sqrt{2}}\right)g$

   b) M_2，$t_1 = \sqrt{\dfrac{2H}{g\left(1 - \dfrac{1}{\sqrt{2}}\right)}}$

   c) 没有

1-5 $\theta = 30°$

1-6 2 吨重

1-7 $\theta = 30°$

1-8 $W = \dfrac{4w}{\sin\theta}$

1-9 $V = \sqrt{2gH}$

2-1 1.033

2-2 a) $\lambda = 0$ b) $r_s = \dfrac{1}{9}r_{em}$

3-1 a) $t = 1\,843.8$ 秒

   b) $V \approx 1\,385$ 英尺／秒

3 - 2 ≈ 155 s

3 - 3 向下时

3 - 4 $e \approx 0.98$

3 - 5 14.8 m/s

3 - 6 a) 52.5 英里/时   b) 2.75 英尺/秒^2

3 - 7 $a_5 = \dfrac{8}{9} a_R$

4 - 1 $T = 25$ N

4 - 2 $F = \dfrac{M_2}{M_1}(M + M_1 + M_2)g$

4 - 3 $g = \dfrac{V^2(2M + m)}{2mh}$

4 - 4 a) $a_{上} = g/3$ b) 280 磅

4 - 5 $m_B \approx 5.8$ kg

5 - 1 $m_2/m_1 = 3$

5 - 2 a) 是的   b) 向北   c) $V = 5 \times 10^{-4}$ m/s

5 - 3 $F = \mu v(v + gt)$

5 - 4 $V = x \dfrac{m + M}{m} \sqrt{\dfrac{g}{L}}$

5 - 5 $\Delta v \approx v \dfrac{f}{\Delta}$

5 - 6 $F_R = 5.1 \times 10^{-3}$ N $F_R \alpha - v^2$

6 - 1 第二种方法,4.0 分钟

6 - 2 $\dfrac{t_V}{t_A} = \dfrac{V}{\sqrt{V^2 - R^2}}$ $\dfrac{t_A}{t_L} = \dfrac{t_V}{t_A}$

6 - 3 $T = 2\pi \sqrt{\dfrac{H}{g}}$

6 - 4 a) 正北   b) 0.17 时

7 - 1 $\theta_{\max} = \sin^{-1} \dfrac{m}{M}$

7 - 2 $\left. \dfrac{\Delta T}{T} \right|_{\text{实验室}} = \dfrac{(1-\alpha^2)m_2}{m_1+m_2}$

7 - 3 $\dfrac{M}{m_{\text{p}}} = 9$

8 - 1 $a = -\dfrac{g}{8}$

8 - 2 $v_0 = 595 \text{ m/s}$

8 - 3   51.8 英里/时

8 - 4   加速 $a = \dfrac{g}{\sqrt{3}} \text{m/s}^{-2}$

8 - 5   a) $\sqrt{3}W\sin\alpha$ b) $\phi = 60°$

9 - 1 $x_0 - x = x_0 - v_0\sqrt{\dfrac{m}{k}}$

9 - 2   任何地方

9 - 3 $v_\infty \approx 3.9$ 英里/秒

9 - 4 $H = \dfrac{1}{2}R$

9 - 5 $v = \sqrt{\dfrac{gL}{2}}$

9 - 6 $\dfrac{R}{3}$

9 - 7   7.2 m/s

9 - 8 $\approx 625 \text{ J}$ $\approx 570 \text{ J}$ $\approx 330 \text{ J}$

9 - 9   卫星会沿抛物线轨道逃逸。

10 - 1 $v' = \dfrac{\lambda}{\tau}v$ $a' = \dfrac{\lambda}{\tau^2}a$ $F' = \dfrac{\mu\lambda}{\tau^2}F$ $E' = \dfrac{\mu\lambda^2}{\tau^2}E$

10 - 2 T 不依赖于 k

11 - 1 $pc = T\left(1 + \dfrac{2m_0c^2}{T}\right)^{1/2}$ $\dfrac{V}{c} = \dfrac{\sqrt{3}}{2}$

11 - 2 $T_\mu = 4.1 \text{ MeV}$ $T_\nu = 29.7 \text{ MeV}$ $P_\mu = P_\nu = 29.7 \text{ MeV/c}$

11 - 3   a) $c/2$ b) $\dfrac{4}{\sqrt{3}}m$

11 - 4　　$E_r = 4m_p c^2 (3.8\ \text{GeV})$

12 - 1　　$x = 1.7\ \text{cm}$

12 - 2　　$y = \dfrac{1}{2}x$

12 - 3　　$\dfrac{a}{2}(3 - \sqrt{3})$

12 - 4　　$x = \dfrac{m_1 L}{m_1 + m_2}$（从 m_2 算起）

12 - 5　　$n = a$

12 - 6　　$M = 4.0\ \text{磅}$

13 - 1　　$I = \dfrac{mL^2}{12}$

13 - 2　　$a = \dfrac{mg}{m + \dfrac{M}{2}}$

13 - 3　　$F = \dfrac{Mg}{4}$

13 - 4　　$V_0 = r\sqrt{\dfrac{2Mgh}{I + Mr^2}}$

13 - 5　　$a = 2g\sin\theta$

13 - 6　　$h = \dfrac{3d}{2} - 3r$

13 - 7　　$D = \dfrac{12V_0^2}{49\mu g}$　　　　$V = \dfrac{5}{7}V_0$

13 - 8　　a) $V_0 = \dfrac{2}{5}R\omega_0$　　　b) $V_0 = \dfrac{1}{4}R\omega_0$

14 - 1　　（e）

14 - 2　　a) 以前

　　　　　　b) $V_{\text{CM}} = \dfrac{l}{2}\omega_0$　　$\omega = \omega_0$（l 为绳子长度）

14 - 3　　$V_{\text{CM}} = \dfrac{v}{2}$　　　　$L = \dfrac{mvR}{2}$　　　　$\omega = \dfrac{v}{3R}$

$$K.E. \mid_1 = \frac{mv^2}{2}$$

$$K.E. \mid_2 = \frac{mv^2}{3}$$

14 - 4　a) $\dfrac{v}{2}$　　b) $Mv\dfrac{L}{4}$　　c) $\dfrac{6}{5}\dfrac{v}{L}$　　d) 20%

14 - 5　$V = \sqrt{8gL}$

14 - 6　$\Omega = \dfrac{I_2}{I_1 + I_2 + M_2 r^2}\omega$

14 - 7　$J = M\sqrt{\dfrac{\pi g L n}{3}}$　（$n =$ 整数）

14 - 8　a) $\omega = \dfrac{I_0 + mR^2}{I_0 + mr^2}\omega_0$

　　　　b)（答案未给出）

　　　　c) $v = \omega_0\sqrt{\dfrac{I_0 + mR^2}{I_0 + mr^2}(R^2 - r^2)}$

14 - 9　$T \approx 27$ N・m

照片惠允

索　引